图书在版编目（CIP）数据

忠经·孝经 /（汉）马融，（春秋）孔子著；李荣华编译.
--西安：三秦出版社，2017.9（2018.3重印）
（中华经典国学口袋书 / 徐喜平主编）
ISBN 978-7-5518-1592-5

Ⅰ. ①忠… Ⅱ. ①马… ②孔… ③李… Ⅲ. ①家庭道德－中国－古代 ②《忠经》－译文 ③《孝经》－译文 Ⅳ. ①B823. 1

中国版本图书馆CIP数据核字（2017）第193922号

出 品 人　支旭仲
项目策划　匡俊英　白忠平
责　　编　李颖婷
封面设计　陈　非
版式设计　高东海
内文排版　白英华

出版发行　陕西新华出版传媒集团　三秦出版社
地　　址　西安市北大街147号
电　　话　（029）87205121
网　　址　http: / / www.sqcbs.cn

规　　格　720mm × 910mm　1/32
　　　　　印张8　彩插8　字数78千字
印　　刷　西安新华印务有限公司（独家承印）
版　　次　2017年9月第1版　2018年3月第2次印刷
标准书号　ISBN 978-7-5518-1592-5
定　　价　18.00元

凡有缺页、倒页、脱页，可与工厂直接调换。电话：029-84273850

忠经·孝经

[汉]马融·撰 [春秋]孔子·著
李荣华·编译

陕西新华出版传媒集团
三秦出版社

忠经·孝经

[汉]马融·撰　[春秋]孔子·著　李荣华·编译

三秦出版社
陕西新华出版传媒集团

出版说明

中华文明源远流长，上下五千年，圣贤相继，英才辈出，他们殚精竭虑、呕心沥血，为后人留下了一部部经典作品。这些“经典”如同金砖玉瓦，构建成了一座金碧辉煌的殿堂，我们称之为“国学”。其内容宏富，博大精深，可谓是中华思想文明的浓缩，中国传统文化的精髓，是先贤遗留下的宝贵精神财富，值得好好传承和大力弘扬。越来越多的人们认识到其价值，读国学、诵经典的热潮正在蓬勃兴起，既有数字阅读的风生水起，更有坚守或者回归传统纸质阅读的蔚然成风。

读纸质书，无疑有着其他阅读方式所无法比拟的独特体验，一册在手，可以边读边做批注、写札记、勾画重点，也可以掩卷深思，细细品读。这种探究式阅读方式，有利于人们学习知识、启迪智慧、提升修养、提高境界，也有利于培养孩子们安静学习、锤炼思想、闻着书香做学问的良好习惯。

为了倡导全民阅读，特别是推进纸质阅读，营造爱书、品书氛围，同时考虑到当下人们的生活日趋丰富多彩且节奏加快，闲暇时间越来越碎片化，读书时间相对减少，我们从浩如烟海的国学经典中精心遴选了80部，并对书的内容作了适度精简，编辑出版了“中华经典国学口袋书”系列丛书，希望吸引更多的人回归传统阅读，重视国学经典。“口袋书”，顾名思义就是可以放在口袋里的书籍，其目的就是为读者奉献易于携带、便于翻阅、开卷有益的精神食粮。使他们于居家出行、茶余饭后，随时信手展读，含英咀华，增知怡情。

本丛书涵盖了经史子集、诗词曲赋、笔记信札、经典名句赏析，可谓贯通古今、包罗万象，能够最大限度满足各层面读者的阅读需求。书中既有对照古籍原文的“白话文”，又有介绍典故出处、时代背景、人物事迹等辅助阅读的“注释”，还配以帮助读者理解和提高的“赏析”。使对国学造诣程度各异的读者都可以做到读通、读懂，真正做到了老少皆宜、雅俗共赏。

这套书不仅在内容上编排严谨、注解精当；在外观上也充分彰显书籍之美，版式新颖，设计考究、印装精美，必定会成为您工作生活中的良师益友，带给您全新的阅读感受。

前 言

《忠经》是一部仿《孝经》而著的儒家经典，旧本题为东汉马融撰。

马融是东汉著名经学家，字季长，扶风茂陵（今陕西兴平东北）人。马融勤奋好学，精通经传典籍，知识深广。

《忠经》全书共分18章，体例全仿《孝经》而作。关于其写作的缘由，作者在“序”中提到：“《忠经》者，盖出于《孝经》也。仲尼说孝者所以事君之义；则知孝者，俟忠而成之，所以答君亲之恩，明臣子之分。忠不可废于国，孝不可弛于家。孝既有经，忠则犹阙。故述仲尼之说，作《忠经》焉。”全书围绕“忠”，作了多方面的阐释，同样被尊为儒学之经典。

《孝经》是一部重要的儒家经典，被尊为“儒家十三经”之一，在中国古代社会流传极广，影响至巨。

关于《孝经》的作者，历来说法

不一。《汉书·艺文志》中讲："《孝经》者，孔子为曾子陈孝道也"，认为《孝经》的作者是孔子。

《孝经》共分18章，是儒家十三经中篇幅最短的一部，以孔子与其门人曾参谈话的形式，对孝的含义、作用等问题加以阐述。《孝经》篇幅虽短，文字不满2000，但内容很丰富，也很深刻。

由于《臣轨》与《忠经》内容相近，都是讲为臣之道，所以本书将《臣轨》附在《孝经》之后，使大家可以在阅读时有所借鉴。

忠、孝是古代儒家学说的重要内涵与范畴，是对中国古代民众影响最广泛的思想观念。为了了解古代儒家文化，更为了广大读者探讨中国人固有的传统观念，本书对集中反映、宣传、倡导忠孝观念的两部经典加以整理，白话翻译和图画配合，供广大读者鉴赏。我们的目的是，帮助一般读者比较容易而正确地读懂两书，并给有志深入研究的人提供一些参考。

目 录

忠 经

忠经序 /002
天地神明章第一 /006
圣君章第二 /008
冢臣章第三 /010
百工章第四 /012
守宰章第五 /014
兆人章第六 /016
政理章第七 /017
武备章第八 /019
观风章第九 /021
保孝行章第十 /023
广为国章第十一 /024
广至理章第十二 /026
扬圣章第十三 /028
辨忠章第十四 /030
忠谏章第十五 /032
证应章第十六 /034
报国章第十七 /035
尽忠章第十八 /037

孝　经

孝经序 /040
开宗明义章第一 /045
天子章第二 /051
诸侯章第三 /054
卿大夫章第四 /057
士章第五 /060
庶人章第六 /063
三才章第七 /066
孝治章第八 /072
圣治章第九 /076
纪孝行章第十 /086
五刑章第十一 /090
广要道章第十二 /093
广至德章第十三 /097
广扬名章第十四 /099
谏诤章第十五 /101
感应章第十六 /105
事君章第十七 /109
丧亲章第十八 /111
二十四孝 /118

附：臣轨

臣轨 /172

忠经

忠 经 序

（汉）马融

【题解】

本篇旧题系汉马融撰，又有东汉经学家郑玄注，实际上经和注如出一手。《四库提要》依据《后汉书·马融传》和宋以前的目录学著作皆不收录此篇，论定“其为宋代伪书”；清代学者丁晏又以其中讳“治”为“理”、讳“民”为“人”及“臣融岩野之臣”等叙述，论定其“为唐人所撰”；今姑从旧题。通观全篇，其文定《孝经》为十八章，分别阐述了上自圣君、冢臣、百工，下至守宰、兆民等不同层次之人尽忠的内容；同时还具体论述了政理、武备、观风、扬圣、忠谏等不同情况之事尽忠的方法，目的是要达到“忠兴于身，养于家，成于国”的境界。这里的忠特指忠君，属封建糟粕，但也不乏对为官者应尽心竭力、忠于职守的训导，所以仍有借鉴意义。本篇原文据《津逮秘书》录出。

《忠经》者，盖出于《孝经》也〔1〕。仲尼说孝者所以事君之义〔2〕，则知孝者，俟忠而成之，所以答君亲之恩、明臣子之分。忠不可废于国，孝不可弛于家，孝既有经，忠而犹阙，故述仲尼之说，作《忠经》焉。

【注释】

〔1〕《孝经》：宣传封建孝道和孝治思想的儒家经典。有今文、古文两本，今文本称郑玄注，分十八章；古文本称孔安国注，分二十二章。孔注本亡于梁，隋刘炫伪作孔注传世。

〔2〕仲尼：即孔仲尼、孔丘、孔子，仲尼为其字。

【今译】

《忠经》出自于《孝经》。孔子认为孝义是侍奉君主的根本，人知道了孝义，同样也就懂得了忠贞，并能明白如何报答君主的恩德、恪守做臣子的本分。治国讲究忠贞，治家提倡孝义，提倡孝义已有《孝经》为典范，而讲究忠贞的尚为空缺，因此祖述孔子的思想学说，作《忠经》一篇。

孔 子

今皇上含庖轩之姿[1]，韫勋华之德[2]，弼贤俾能，无远不奉。忠之与孝，天下攸同。臣融岩野之臣，性则愚朴，沐浴德泽，岂可默乎？作为此经，庶少裨补。虽则辞理薄陋，不足以称焉，忠之所存，存于劝善；劝善之大，何以加于忠孝者哉！夫定高卑以章目，引《诗》《书》以明纲[3]，吾师于古，曷敢徒然？其或异同者，变易之宜也。或对之以象其意，或迁之以就其类，或损之以简其文，或益之以备其事，以忠应孝，亦著为十有八章，所以弘其至公，勉其至诚。信本为政之大体，陈事君之要道。始于立德，终于成功，此《忠经》之义也。谨序。

【注释】

〔1〕庖轩：即伏羲和黄帝。伏羲又名庖羲，相传他始画八卦，教民捕鱼畜牧，以充庖厨。黄帝姓公孙，因居轩辕之丘，故号轩辕氏。

〔2〕勋华：即尧和舜。尧姓伊祁，名放勋，号陶唐氏。舜姓姚，名重华，号有虞氏。尧和舜都是古史相传的圣明之君。

〔3〕《诗》：即《诗经》。《书》：即《尚书》。

【今译】

当今皇上秉承伏羲、黄帝的雄姿，兼具唐尧、虞舜的美德，使贤明有才能之人辅佐，无论远边近处都得到了抚育。忠贞与孝义，天下之人要永远同守。臣下马融是一个岩居山野不起眼的小臣，天性愚蠢厚朴，但深受着皇上的德化和恩惠，怎敢默默不语呢？写作此《忠经》，对天下多少是会有补益的。虽然我的言辞道理浅显，不值得受到称颂，但却涵盖了忠贞之意、劝善之意。劝善是个大事，但无论如何也不及忠贞和孝义！这里以地位的高卑为次序安排篇章节目，援引《诗经》《尚书》以显明纲领，我是以古人为师范，岂敢无根无据的虚造？凡其中和古人之意有异有同之处，那也是按实际事理应当变易的。在《忠经》里有时和古人之意相对来明确其意思，有时稍作更改来成就其一类，有时删减耗损来简要其文字，有时增加补益来完备其事理，目的在于以忠贞和孝义相对应，因此也写成十八章，借此来弘扬极公正之道，劝勉人们真实忠诚。忠信是立国治国的根本，是臣下侍奉君主的关键。作为人只有从树立德行开始，才能获得最终的成功，这也是我撰写《忠经》的本意。谨序。

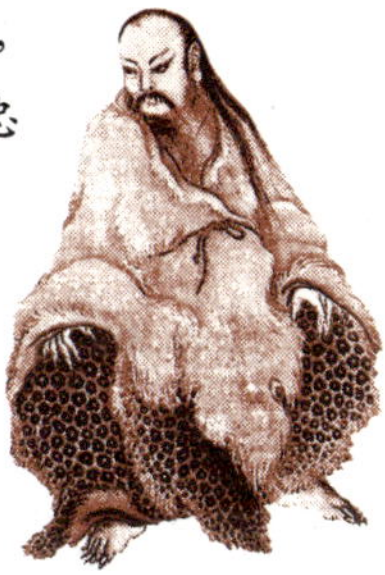

伏羲

天地神明章第一

昔在至理，上下一德，以徵天休，忠之道也。天之所覆，地之所载，人之所履，莫大乎忠。忠者，中也，至公无私。天无私，四时行；地无私，万物生；人无私，大亨贞。忠也者，一其心之谓矣。为国之本，何莫由忠？忠能固君臣，安社稷〔1〕，感天地，动神明，而况于人乎？夫忠，兴于身，著于家，成于国，其行一焉。是故一于其身，忠之始也；一于其家，忠之中也；一于其国，忠之终也。身一则百禄至，家一则亲和，国一则万人理。《书》云："惟精惟一，允执厥中〔2〕。"

【注释】

〔1〕社稷：土、谷之神。后以社稷为国家政权的标志。

〔2〕此句出于《尚书·大禹谟》，原文为"人心惟危，道心惟徽，惟精惟一允执厥中"。

【今译】

古时最好的治理之道，是上下同心同德，以此来获得天赐的福佑，也就是以忠贞为根本的准则。上天所覆盖的，大地所承载的，人们所履践的，没有比忠贞更大更重要的了。忠的本意就是中，意思是极公正无私心。上天没有私心，所以春夏秋冬四季按序运行；大地没有私心，所以万事万物得以生存；人若没有私心，就能得到大吉大利的回报。所谓忠，是指要一心一意。立国治国的根本，为什么要在于忠呢？原因在于忠能坚固君臣之间的关系，使国家长治久安，并可以感动天地、感化神明，更何况对人的好处呢？一个人自身懂得忠贞，在家能治好家，在国也能成就大事，所以人们的言行必须专一忠贞。自己一人专一忠贞，只是忠的初级阶段；对家专一忠贞，也不过是忠的中级阶段；只有对国专一忠贞，才是忠的最高境界。一人自身懂得尽忠可以任官得俸禄，一家人懂得尽忠则可以使全家亲密和睦，全国人懂得尽忠则可以使举国上下安定有序。《尚书》中说："精一地恪守专一，诚信地保持中道。"

圣君章第二

惟君以圣德监于万邦，自下至上，各有尊也。故王者上事于天，下事于地，中事于宗庙[1]，以临于人，则人化之，天下尽忠以奉上也。是以兢兢戒慎，日增其明。禄贤官能，式敷大化，惠泽长久，黎民咸怀。故得皇猷丕丕，行于四方，扬于后代，以保社稷，以光祖考，盖圣君之忠也。《诗》云：“昭事上帝，聿怀多福[2]。”

【注释】

〔1〕宗庙：天子、诸侯祭祀祖先的处所。因封建帝王把天下据为一家所有，世代相传，故以宗庙作为王室、国家的代称。

〔2〕此句出于《诗·大雅·大明》，原文为“维此文王，小心翼翼，昭事上帝，聿怀多福”。

【今译】

君主帝王以圣明之德统治着全国，但自下层百姓到上层官僚，对君主帝王要各行其尊。帝王的职责既要上事天，又要下事地，还要治理国家，统领所有的人民，人民也因此得以教化，所以人们都必须竭尽忠心来事奉居于统治地位的君主。但只要君主能小心戒慎从事，也一定会更加贤明。只要君主能任贤任能，施行仁政教化，广布恩惠德泽，黎民百姓就一定会怀德归顺。因此君主最大的策略，在于如何使仁政施行于四方，宣扬于后代，以保国家长治久安，并光宗耀祖，这也是作为圣明君主的忠贞所在。《诗经》中说：“君主以明德事天，天会以多福赐与君主。”

冢臣章第三

为臣事君，忠之本也，本立而后化成。冢臣于君，可谓一体，下行而上信，故能成其忠。夫忠者，岂惟奉君忘身，徇国忘家，正色直辞，临难死节已矣！在乎沉谋潜运，正国安人，任贤以为理，端委而自化。尊其君，有天地之大，日月之明，阴阳之和，四时之信。圣德洋溢，颂声作焉。《书》云："元首明哉！股肱良哉！庶事康哉〔1〕！"

【注释】

〔1〕此句出于《尚书·益稷》，意思是说君明则臣良，臣良则事康。

【今译】

作为臣子而侍奉君主，最根本的是忠贞，只有以忠贞为本才能教化成功。大臣和一国之君主，是一个不可分割的整体，臣子所做之事能得到君主的信任，方能成就大臣的忠贞之志。所谓尽忠，又岂只是为君主而舍生忘身、为国家而弃亲忘家、遇事

伊尹　商朝成汤时期的名臣，本为陪嫁的媵臣，受到汤的赏识而委以重任。

而直言进谏、君主遭难而以死明节义等？而关键是要替君主筹划并施行治国良策，使国家兴旺百姓安宁，起用贤能之人治理一方，以达到君主垂手而治。大臣尊敬君主，可使皇恩广布天地之间，日月更加明亮，阴阳相互调和，春夏秋冬四时依序运转。一旦君主的圣明之德广泛传播，歌颂赞扬的声音就会四处响起。《尚书》中说："君主圣明啊！大臣贤良啊！万事安康啊！"

百工章第四

有国之建，百工惟才〔1〕，守位谨常，非忠之道。故君子之事上也，入则献其谋，出则行其政，居则思其道，动则有仪。秉职不回，言事无惮，苟利社稷，则不顾其身，上下用成，故昭君德，盖百工之忠也。《诗》云："靖共尔位，好是正直〔2〕。"

【注释】

〔1〕百工：即百官，谓官数有百，亦泛指众官。

〔2〕此句出自《诗·小雅·小明》，原文为"嗟尔君子，无恒安息。靖共尔位，好是正直。神之听之，介尔景福"。

【今译】

国家设官府置百官，但百官要唯才是任，若百官只身居官位而谨守常规，这并不是尽忠之道。因此君子侍奉在上者时，入其内则进献自己的谋略，出其外则施行在上的仁政，安居则思考治理之道，行动则符合各种仪礼。并且坚守职责不违背成规，谈及事情没有任何畏惧，如果对国家有利，就不顾自己的安危，和上下之人尽心去成就，以此使君主的恩德更加广泛，这才是作为百官的忠贞所在。《诗经》中说：“恭敬可以成其位，正直可以献良策。”

守宰章第五

在官惟明，莅事惟平，立身惟清。清则无欲，平则不曲，明能正俗，三者备矣，然后可以理人。君子尽其忠能，以行其政令，而不理者，未之闻也。夫人莫不欲安，君子顺而安之；莫不欲富，君子教而富之。笃之以仁义，以固其心；导之以礼乐，以和其气；宣君德以弘大其化，明国法以至于无刑；视君之人，如观乎子；则人爱之，如爱其亲。盖守宰之忠也。《诗》云："岂弟君子，民之父母〔1〕。"

【注释】

〔1〕此句出自《诗·大雅·泂酌》。岂弟：恺悌，和乐简易。

【今译】

为官贵在贤明，做事贵在公正，立身贵在清平。清平则无私欲，公正则不曲意承顺，贤明则能匡正风俗，为官者只有具备清平、公正、贤能三项品质，才能治理好一方百姓。为官者竭尽自己的忠心和能力，来推行政策法令，却还未能治理好一方，那是从来没有听说的事。老百姓没有不想安乐的，那当官的就顺着民意让其安乐；老百姓没有不想富裕的，那当官的就设法教导让其富裕。同时还要以仁义使其厚实，借此来稳固民心；以礼乐作为引导，使人知道和睦；并宣扬君主明德来弘大教化，严明国家法令以至不用刑罚；而且对待君主所统治的百姓，就像关照自己的子女一样；如此才能受到人民爱戴，并像爱戴他们的亲人一般。这才是作为一方官员的忠贞所在。《诗经》中说："守官和乐简易，爱百姓如父母爱子。"

兆人章第六

天地泰宁，君子之德也。君德昭明，则阴阳风雨以和，人赖之而生也。是故祗承君之法度，行孝悌于其家，服勤稼穑，以供王赋，此兆人之忠也。《书》云："一人元良，万邦以贞[1]。"

【注释】

〔1〕此句出自《尚书·太甲》，原文为："呜呼！弗虑胡获，弗为胡成？一人元良，万邦以贞。"

【今译】

普天之下安宁太平，是当官者的贤德所致。只要君主的恩德得以彰明广大，就能阴阳调和、风调雨顺，百姓也赖此而生存。因此百姓一定要尊敬君主并恪守法度，以孝悌之道治家理家，努力劳动搞好生产，为国家积极纳税，如此才是百姓的忠贞所在。《尚书》中说："君主以善行治理百姓，百姓以忠贞拥戴君主。"

政理章第七

夫化之以德，理之上也，则人日迁善而不知；施之以政，理之中也，则人不得不为善；惩之以刑，理之下也，则人畏而不敢为非也。刑则在省而中，政则在简而能，德则在博而久。德者为理之本也，任政非德则薄，任刑非德则残。故君子务于德，修于政，谨于刑。固其忠以明其信，行之匪懈，何有不理之人乎？《诗》云：“敷政优优，百禄是遒[1]。”

【注释】

〔1〕此句出自《诗·商颂·长发》，原文为：“不竞不絿，不刚不柔。敷正优优，百禄是遒。”

【今译】

用德行来教化，是治理的上策，因为人们在不知不觉中一天天改恶从善。实施一些仁政，是治理的中策，因为人们在仁政的引导下而不得不从善。用刑罚来惩处，是治理的下策，因为人们由于畏惧被惩罚而不敢干坏事。用刑罚来治理则在于人们在畏惧中反省、检查，用仁政来治理则在于人们要自己去选择能与不能，用德行来治理则在于人们长期以来受到了博施。德行是治理的根本，施政不讲德行则轻薄，用刑不讲德行则残酷。因此自古以来君子都注重德行的培养，推广仁政，慎用刑罚。只要使臣子能继续尽忠并信任臣子，并坚持不懈地去做，哪还会有不能治理之人呢？《诗经》中说："施以宽和之政令，就会聚积各种各样的福禄。"

武备章第八

王者立武，以威四方，安万人也。淳德布洽戎夷[1]，禀命统军之帅，仁以怀之，义以厉之，礼以训之，信以行之，赏以劝之，刑以严之，行此六者，谓之有利。故得师尽其心，竭其力，致其命，是以攻之则克，守之则固，武备之道也。《诗》云："赳赳武夫，公侯干城[2]。"

【注释】

〔1〕戎夷：戎，古代泛指我国西部的少数民族。夷，古代泛指我国东部的少数民族。

〔2〕此句出自《诗·周南·兔罝》，原句为："肃肃兔罝，椓之丁丁。赳赳武夫，公侯干城。"干城：守卫，捍御。

【今译】

国家之所以要建立军队，目的在于向四方邻邦显威，使百姓们安居。官府要用敦厚的德行对戎夷进行感化，而受命统率军队的将帅对戎夷则要用仁惠来使他们归附，并用恩义鼓励他们，用礼仪训导他们，用诚信教育他们，用封赏激励他们，

姜 尚

用刑罚严治他们，推行以上这六种策略，都是有百利而无一害的。因此只要使上下军士尽其忠心，竭其全力，并努力效命，以此军队出战，攻打则获胜，退守则坚固，这就是治军之道。《诗经》中说："雄壮勇武的军队，方能承担捍御重任。"

观风章第九

惟臣以天子之命，出于四方以观风，听不可以不聪，视不可以不明。聪则审于事，明则辨于理，理辨则忠，事审则分。君子去其私，正其色，不害理以伤物，不惮势以举任，惟善是与，惟恶是除，以之而陟则有成，以之而出则无怨。夫如是，则天下敬职，万邦以宁。《诗》云："载驰载驱，周爰谘诹[1]。"

【注释】

〔1〕此句出自《诗·小雅·皇皇者华》，原句为："我马维驹，六辔如濡。载驰载驱，周爰谘诹。"谘诹（zōu）：征求，询问。

【今译】

使臣是奉天子之命，巡回全国各地了解民情的，所以听不可以不聪敏，视不可以不明察。因为听力灵敏则能分清事由，视觉敏锐则能明辨道理，明辨道理才能尽忠，分清事由才能公正。好的使臣做事大公无私，公正处事，不损害公理、毁伤他人，举荐任用也不受势力左右，因此能见善就宣扬，见恶就根除，由于他的作为而得以进升则能成就大事，由于他的作为而被处罚则也无怨无悔。如果都能如此，那么天下所有的人就会各尽其职，国家也就会安宁了。《诗经》中说：“使臣辛苦勤劳地工作，为的是深入了解民情。”

保孝行章第十

夫惟孝者，必贵于忠。忠苟不行，所率犹非道。是以忠不及之而失其守，匪惟危身，辱其亲也。故君子行其孝必先以忠，竭其忠则福禄至矣。故得尽爱敬之心以养其亲，施及于人，此之谓保孝行也。《诗》云："孝子不匮，永锡尔类〔1〕。"

【注释】

〔1〕此句出自《诗·大雅·既醉》，原文为："威仪孔时，君子有孝子。孝子不匮，永锡尔类。"锡（xī）：与，赐给。

【今译】

孝子的孝行，最重要的是尽忠。如果孝子不做尽忠之事，那其孝行大概也不合道义。因为不尽忠就会失其职守，不但对本人有害，还连累亲人受辱。所以贤明之人行孝是先尽其忠，只有竭其忠心才能有福有禄。因此人们一定要用爱敬之心去侍养父母亲，并将此心施予所有的人，这才叫保守孝行之道。《诗经》中说："孝子尽其孝诚之心，福禄就会永远伴随。"

广为国章第十一

明主之为国也，任于政[1]，去于邪，邪则不忠，忠则必正，有正然后用其能。是故师保道德[2]，股肱贤良，内睦以文，外戚以武，被服礼乐，堤防政刑，故得大化兴行，蛮夷率服，人臣和悦，邦国平康。此君能任臣，下忠上信之所致也。《诗》曰："济济多士，文王以宁[3]。"

【注释】

〔1〕政：通"正"。

〔2〕师保：古时辅导和协助帝王的官有师有保，统称师保。

〔3〕此句出自《诗·大雅·文王》。文王，指周文王。

周文王

【今译】

圣明的君主治理国家，以正直之人为官，并远离奸邪之人。奸邪之人肯定不会为国家尽忠，而为国家尽忠的人肯定是正直之人，只有具备了正直品德才能会有真正的能力。因

【高宗书孝经马和之绘图】册 局部 ［宋］ 马和之 中国台北故宫博物院藏 31－1

【高宗书孝经马和之绘图】册 局部 [宋] 马和之 中国台北故宫博物院藏 31-1

此师保有道德观念，大臣贤能正直，就能对内教化而和睦，对外用武而归附，使大家知道礼乐，并用政令刑罚设堤预防，达到教化兴旺盛行，周边各族人竞相归服，众官与百姓和悦相处，举国上下安宁康乐。如此这是因为君主能任人唯贤，在下尽忠而在上信诚的缘故。

广至理章第十二

古者圣人以天下之耳目为视听，天下之心为心，端旒而自化[1]，居成而不有，斯可谓致理也已矣。王者思于至理，其远乎哉！无为而天下自清，不疑而天下自信，不私而天下自公。贱珍则人去贪，彻侈则人从俭，用实则人不伪，崇让则人不争。故得人心和平，天下淳质，乐其生，保其寿，优游圣德，以为自然之至也。《诗》云：“不识不知，顺帝之则[2]。”

【注释】

〔1〕旒（liú）：古代帝王所戴冕冠上前后垂挂的玉串。

〔2〕此句出自《诗·大雅·皇矣》，原文为：“帝谓文王，予怀明德，不大声以色，不长夏以革，不识不知，顺帝之则。”

【今译】

古时的圣贤之人以天下所有人的耳目来倾听来察看，以天下所有人的心为公心来体会，因此才有了不教而自化，功成而无所不有，这也是达到最完美政治的关键所在。作为君主一心想着并以最完美的政治为准则，那距离最完美的政治就不会太遥远了啊！也就是在上之人无需教化而天下之人自我清静，在上之人不疑惑则天下之人自我诚信，在上之人公正无私而天下之人自我正直。只要在上之人鄙视珍宝那么在下的人们就会不贪财物，在上之人根除奢侈那么在下的人们就会崇俭节约，在上之人大力务实那么在下的人们就会不作假造伪，在上之人崇尚谦让那么在下的人们就会见利不争不抢。因此想使人心和悦平顺，天下所有人淳厚质朴，都能乐其生业，保其寿福，悠闲自得而品德优秀，只有顺其自然而教化才能达到这种程度。《诗经》中说："虽然在不知不觉之中，但也要遵循自然法则。"

扬圣章第十三

君德圣明，忠臣以荣；君德不足，忠臣以辱。不足则补之，圣明则扬之，古之道也。是以虞有德，咎繇歌之[1]；文王之道，周公颂之[2]；宣王中兴，吉甫咏之[3]。故君子臣盛明之时必扬之，盛德流满天下，传于后代，忠矣夫。

【注释】

〔1〕虞：即虞舜。咎繇：即舜之臣皋陶，掌管刑法狱讼。

〔2〕文王：即周文王，姓姬名昌，周武王之父。周公：姓姬名旦，周文王之子，辅佐周武王灭殷纣，建立周王朝，被封于鲁。

〔3〕宣王：姓姬名静，周厉王之子，在位时用仲山甫、尹吉甫、方叔、召虎等，北伐猃狁，南征荆蛮、淮夷、徐戎。旧史称为中兴。吉甫：即周宣王卿士尹吉甫。

【今译】

君主之德圣明，忠臣也因此光荣；君主之德残缺，忠臣也因此受辱。若知道残缺而增补完善，

那圣明之德就会得到宣扬，这是自古以来的做法。虞舜有圣明之德，咎繇便作诗歌颂；周文王治理有方，周公就大加赞扬；周宣王发奋中兴，尹吉甫以诗咏唱。因此只要国君之德圣明而大臣一定会宣扬，并使圣明之德誉满天下，流芳百世，这就是大臣尽忠的好处。

辨忠章第十四

大哉忠之为用也，施之于迩，则可以保家邦；施之于远，则可以极天地。故明王为国，必先辨忠。君子之言，忠而不佞；小人之言，佞而似忠而非，闻之者鲜不惑矣。夫忠而能仁，则国德彰；忠而能知，则国政举；忠而能勇，则国难清。故虽有其能，必由忠而成也。仁而不忠，则私其恩；知而不忠，则文其诈；勇而不忠，则易其乱。是虽有其能，以不忠而败也。此三者，不可不辨也。《书》云："旌别淑慝[1]。"其是谓乎？

【注释】

〔1〕此句出自《尚书·毕命》，原文为："旌别淑慝，表厥宅里，彰善瘅恶，树之风声。"淑慝（tè）：善恶。

【今译】

人们如果能遇事尽忠，就眼前而言，则可以保家卫国；而从长远看，则可以感天动地。因此圣明的君主治理国家，首先是辨清忠良。贤能之人的言论，忠直而不巧言取宠；奸邪之人的言论，因是花言巧语而看起来既忠且直但事实上并非如此，初听之人没有不被迷惑的。人们若都忠直且能仁义，那国家肯定兴旺；若都忠直且能知礼，那国家的政令肯定能够实施；若都忠直且能勇敢，那国难肯定可以清除。所以说人们即使具备了才能，也只有通过忠直来成就大事。人们若是懂仁义而不忠直，那就会因私利而感恩；若是知礼仪而不忠直，那就会用文字而欺诈；若是只勇敢而不忠直，那就会轻易作乱。所以说人们即使具备了才能，也会因为不忠直而一败涂地。因此忠直与仁义、忠直与知礼、忠直与勇敢之间的关系，不可不分辨清楚。《尚书》中说："善恶既别而任使不谬。"

忠谏章第十五

忠臣之事君也，莫先于谏。下能言之，上能听之，则王道光矣。谏于未形者上也，谏于已彰者次也，谏于既行者下也。违而不谏，则非忠臣。夫谏始于顺辞，中于抗议，终于死节，以成君休，以宁社稷。《书》云："木从绳则正，后从谏则圣[1]。"

【注释】

〔1〕此句出自《尚书·说命》。后：古代天子和列国诸侯都称后。

【今译】

忠臣侍奉君主，最首要的是诤谏。在下之官能直言诤谏，而在上之人能择善采纳，则可以达到完美的政治。在下对在上的诤谏最好是在事情没办并未造成损失之前，其次是在已暴露出缺点错误时诤谏，再次是在已造成损失时诤谏。因怕违背在上之意而不敢诤谏，那就不是忠良之臣。忠臣最初诤谏时言辞尚顺

比　干

情而发，往后便是直言反对，最终是以死相谏，并以此来成就君主之善，使国家安宁。《尚书》中说：“绳直可以正木，忠臣可以正主。”

证应章第十六

惟天监人，善恶必应。善莫大于作忠，恶莫大于不忠。忠则福禄至焉，不忠则刑罚加焉。君子守道，所以长守其休；小人不常，所以自陷其咎，休咎之征也，不亦明哉？《书》云："作善，降之百祥；作不善，降之百殃[1]。"

【注释】

〔1〕此句出自《尚书·伊训》，原文为："惟上帝不常，作善，降之百祥；作不善，降之百殃。"

【今译】

上天监督着人们的作为，善有善报，恶有恶报，皆很灵验。善报中最灵验的莫过于尽忠之事，而恶报中最灵验的也莫过于不忠之事。人们竭尽忠心去做事则福禄不请自到，而做事不竭尽忠心则刑罚会降到其身。贤明之人固守道义，所以能永葆善美；奸邪之人没有常心，所以才自陷其咎，善恶吉凶之类报应，不是明摆着的吗？《尚书》中说："做善事，则吉祥到；做坏事，则灾祸到。"

报国章第十七

为人臣者官于君，先后光庆，皆君之德，不思报国，岂忠也哉？君子有无禄而益君，无有禄而已者也。报国之道有四：一曰贡贤，二曰献猷[1]，三曰立功，四曰兴利。贤者国之干，猷者国之规，功者国之将，利者国之用，是皆报国之道，惟其能而行之。《诗》云："无言不酬，无德不报[2]。"况忠臣之于国乎？

【注释】

〔1〕猷（yóu）：谋划。

〔2〕此句出自《诗·大雅·抑》，原句为："言不可逝矣，无言不酬，无德不报，惠于朋友，庶于小人。"

【今译】

作为一个在君主手下当官的人，他既可光宗耀祖又可福及子孙，这些都是因为君主的恩德，若再不想着报效国家，哪能叫忠臣呢？贤明之人有的没有俸禄还想着做些对国君有益的事，他们不管是否有俸禄都是如此。作为官员有四种报效国家之道：

一是选拔贤能之人并任以职，二是向君主进献谋略，三是建立功勋，四是为国家增加收入。因为贤能之人是国家的栋梁，好的谋略是国家的规则，建立功勋者是国家的良将，增加收入是国家的财源，所以这些都是报效国家之道，我们应量力而行。《诗经》中说："每一言要答复，每一德要回报。"

尽忠章第十八

天下尽忠，淳化行也。君子尽忠，则尽其心，小人尽忠，则尽其力，尽力者则止其身，尽心者则洪于远。故明王之理也，务在任贤，贤臣尽忠，则君德广矣，政教以之而美，礼乐以之而兴，刑罚以之而清，仁惠以之而布，四海之内，有太平焉。嘉祥既成，告于上下，是故播于雅颂[1]，传于无穷。

【注释】

〔1〕雅颂：《诗经》中《雅》与《颂》的合称。《诗经》有六义：风、雅、颂、赋、比、兴，后用以称盛世之乐。

【今译】

天下所有人都竭尽忠心办事，那敦厚的教化就会盛行。君子尽忠，在于尽其心之力，小人尽忠，在于尽其身之力，尽其身之力者影响只是本身，而尽其心之力者影响既大且远。因此圣明君主治理天下，首要任务是任贤为官，因为贤明之官尽忠，可以使君主之德更加推广，政教更加完美，礼乐更加兴旺，刑罚更加清简，仁惠更加广大，四海之内，安宁太平。吉祥符瑞已经形成，便可告于天地之神了，因此被载入雅颂之章，得以永远流传下去。

孝经

孝 经 序

（唐）李隆基

朕闻上古，其风朴略。虽因心之孝已萌，而资敬之礼犹简。及乎仁义既有，亲誉益著，圣人知孝之可以教人也，故因严以教敬，因亲以教爱。于是以顺移忠之道昭矣，立身扬名之义彰矣。子曰："吾志在《春秋》，行在《孝经》。"是知孝者，德之本欤！

经曰："昔者明王之以孝理天下也，不敢遗小国之臣，而况于公、侯、伯、子、男乎？"朕尝三复斯言，景行先哲，虽无德教加于百姓，庶几广爱形于四海。

嗟乎！夫子没而微言绝，异端起而大义乖。况泯绝于秦，得之者皆煨烬之末；滥觞于汉，传之者皆糟粕之余。故鲁史《春秋》，学开五传，《国风》《雅》《颂》，分为四诗，去圣逾远，源流益别。

近观《孝经》旧注，踳驳尤甚。至于

迹相祖述，殆且百家，业擅专门，犹将十室。希升堂者，必自开户牖。攀逸驾者，必骋殊轨辙。是以道隐小成，言隐浮伪。且传以通经为义，义以必当为主。至当归一，精义无二，安得不翦其繁芜，而撮其枢要也？

韦昭、王肃，先儒之领袖。虞翻、刘邵，抑又次焉。刘炫明安国之本，陆澄讥康成之注。在理或当，何必求人？今故特举六家之异同，会五经之旨趣。约文敷畅，义则昭然；分注错经，理亦条贯。写之琬琰，庶有补于将来。且夫子谈经，志取垂训。虽五孝之用则别，而百行之源不殊。是以一章之中，凡有数句；一句之内，意有兼明。具载则文繁，略之又义阙。今存于疏，用广发挥。

【译文】

朕听说远古的时候，民风淳朴。虽然在心中已经萌发了对父母的孝敬之情，但礼仪制度尚不完整。到后来，仁义之心和正义之道具备，孝敬亲人所得到的赞誉就越来越多。圣人由此悟出了用孝道可以教化百姓的道理，就根据子女孝敬父母的道理来教导人们尊敬他人，根据父母爱护子女的道理来教导人们爱护他人。所以，将对父母的孝敬对兄长的孝悌推移到对君王的忠孝上来的道理就非常清楚，一个人建功立业扬名后世的意义也就非常明显了。孔子说："《春秋》中反映了我的志向，《孝经》中体现了我的行为。"这是懂得孝道是一切德行的根本啊！

《孝经》中说："过去明王以孝道治理天下，对那些小国派来的使臣还以礼相待，更何况是公、侯、伯、子、男这样的诸侯呢？"朕曾反复思考这些话，感觉古代的贤人确实品行高尚。虽然对百姓还没以德政来进行教化，但不久全国之内将会遍及广敬博爱的风气。

唉！孔夫子的去世导致了他的微言大义的逐渐消失，随着各种异端学说的风起而导致大义的歪曲。况且他的经典著作在秦始皇焚书坑儒时几乎被烧光，有幸在这场浩劫中存留下来的已是微乎其微。虽然在汉代就广泛流传孔子的著作，但给孔子著作作传注解的大都质量粗劣。因此给孔子《春秋》作注解的就有左氏传、公羊传、穀梁传、邹氏传、夹氏传五种，

唐玄宗　即李隆基，又称唐明皇，睿宗李旦第三子。延和元年（712），受禅即位，改元开元。

给《诗经》作注解的就有鲁、韩、齐、毛四家。越是远离孔子生活的时代，对孔子原著的理解的难度就越大。

近来研究了《孝经》的旧注，发现尤其杂乱无章，错误百出。更是有近百家对其似是而非的注解，也有不少专门研究孔子的机构。那些希望登上学问殿堂的人，必定首先自立门户。而这些人急于求成，就如同驾着乱跑的车子，越是跑得快，越是远离目的地。所以将大道理变成细微末节的东西，言论遮遮掩掩，尽是一些浮华之词，况且注释的目的是通晓经义，通晓经义的首要是正确理解。对经义的正确理解应该是一致的，精妙的经义是不会得出不同的结论的，怎能不剪除那些杂乱的错误，而提炼出其中的精华呢？

前代儒家学者中，韦昭、王肃是榜样，仅次于其的是虞翻、刘邵。刘炫对《孝经》的注释反映了孔安国的原意，而陆澄却随意讥讽郑康成的注解。对经义的理解合情合理并且准确就行，以自己的见解来抨击别人的见解又有什么必要呢？现在朕特意列举韦昭、王肃、虞翻、刘邵、刘炫和陆澄这六家注释的异同，总结出对五经注解的要点。能简略的就简略，该发挥的就发挥，这样经义就能清楚明了；在注释时要将经文和注释分开，这样就能做到条理清楚，内容连贯。把它刻在玉石上，也许会对后人有所补益。而且孔夫子著《孝经》是以教诲后人为目的的，虽然天子、诸侯、卿大夫、士、庶民的孝道各有不同，在品行形成的根源上却是一致的。这样在一章之中，有的有很多句；一句之内，也有意思相同的地方。全部记载下来就显得文意繁复，省略掉又担心经义会不完整。在注疏中将其保存下来，目的是使经义得到广泛的阐述。

开宗明义章第一[1]

仲尼居[2]，曾子侍[3]。子曰[4]："先王有至德要道[5]，以顺天下[6]，民用和睦[7]，上下无怨。汝知之乎[8]？"曾子避席曰[9]："参不敏[10]，何足以知之？"子曰："夫孝，德之本也[11]，教之所由生也[12]。复坐[13]，吾语汝[14]：身、体、发、肤[15]，受之父母，不敢毁伤，孝之始也；立身行道[16]，扬名于后世[17]，以显父母[18]，孝之终也。夫孝，始于事亲，中于事君，终于立身[19]。"《大雅》云[20]："无念尔祖[21]？聿修厥德[22]。"

【注释】

〔1〕开宗明义章：开，张也；宗，本也；明，显也；义，理也。这里是说此章开张一经之宗本，显明五孝之义理，所以称开宗明义章第一。

〔2〕仲尼居：仲尼，孔子的字。孔子，春秋末期思想家、政治家、教育家，儒家的创始者。据《史

记·孔子世家》载，孔子名丘，字仲尼，春秋时鲁国人，生于周灵王二十一年（前551），卒于周敬王四十一年（前479），享年七十三岁。居，闲居，无事闲坐着。

〔3〕曾子侍：曾子，即曾参，孔子的弟子。《史记·仲尼弟子列传》：“曾参，南武城人，字子舆，少孔子四十六岁。孔子以为能通孝道，故授之业，作《孝经》。”侍：地位低的人在地位高的人身侧为侍。古文《孝经》作曾子侍坐，故这里侍为侍坐之意，也就是在孔子坐席旁边陪坐。《孝经正义》认为，孔子用六经设立教化，随事表名，虽然道由孝生，而孝纲未举，将要开明其道，作为后世垂范，因为曾参的孝道名声很大，就假借闲居为曾参陈说的名义，阐述孝的义理。

〔4〕子曰：子，《正义》云：“子者，孔子自谓。”按《公羊传》：“子者，男子通称也，古者谓师为子，故夫子以子自称。”曰，说也。

〔5〕先王：先代圣帝明王，这里指尧、舜、禹、汤、文王、武王等历史上著名的贤君圣王。至德：至美之德。要道：要约之道。

〔6〕顺：顺理，治理。

〔7〕民用和睦：意思是百姓相顺而亲，相悦而和。民，黎民百姓。用，因而。睦：和，亲。

〔8〕汝知之乎：你知道这些道理吗？汝，第二人称代词，你。乎，语气词，用在句末表示疑问或反问。

〔9〕避席：离开座位。《吕氏春秋 · 直谏》："桓公避席再拜。"高诱注："避席，下席也。下席者，犹言离去其席位也。"指离开座位站起来以示恭敬。

〔10〕敏：聪敏，有智慧。

〔11〕夫孝，德之本也：邢昺《孝经正义》："先王有至德要道，至德要道元出于孝，孝为之本也。"《后汉书 · 江革传》："夫孝，百行之冠，众善之始也。"全句意思是说孝道是一切德行的根本。夫，发语词。本，根本。

〔12〕教之所由生也：《大戴礼 · 曾子 · 大孝》："民之本教曰孝，其行之曰养。"全句意思是所有教化都是从孝道产生出来的。

〔13〕复坐：复，重也。邢昺《孝经注疏》："曾参起对，故使复坐。"

〔14〕吾语汝：吾，我。语，告诉。《广雅·释诂》：“告，语也。”

〔15〕身、体、发、肤：范祖禹曰：“身体发肤，受于亲而爱之不敢忘，则不为不善以亏其体而辱其身，此所以为孝之始也。”《正义》：“身谓躬也，体谓四支也，发谓毛发，肤谓皮肤。”

〔16〕立身行道：立身，独立己身。行道，行己身当行之道。全句意思是说自强奋斗，修养品德，实践道德思想。

〔17〕扬名：显扬名声。

〔18〕以显父母：显，荣耀。显父母，显扬父母的声名，《曾子·大孝》云：“父母既没，敬行其身，无遗父母恶名，可谓终也。”

〔19〕夫孝，始于事亲，中于事君，终于立身：这句的意思是行孝，始于侍奉父母，进而为国为君尽忠，最后实现自己的志向。

〔20〕《大雅》：此处指《诗经》中的《大雅·文王》。《诗经》分为《风》《雅》《颂》，其中《雅》又分为《大雅》《小雅》。

〔21〕无念尔祖：《左传·昭公二十三年》：“无念尔祖。”杜注云：“无念，念也。”无念尔祖，就是念尔祖的意思。尔祖，你的祖先。尔，你。

〔22〕聿修厥德：意思是修述其先祖之功德。

《尔雅》云：“聿，循也，述也。”厥，代词，古代“厥”“其”二字相通。

【译文】

孔子闲坐于家中，在一旁陪坐的是他的学生曾参。孔子对他说：“有一种最好的品行和道德，先代的圣贤帝王用它来使天下人心归顺，百姓和睦，上上下下都没有怨恨、不满。你知道那是什么吗？”曾参连忙起身离开自己的座位回答说：“学生我生性迟钝，哪里能够知道那究竟是什么至妙之法呢？”孔子说：“那就是孝啊！孝是一切德行的根本，孝产生了一切的教化。你先回到自己座位上去，我告诉你。一个人的身体、四肢、毛发、皮肤，都是父母赐给的，应该特别地加以爱护，不能让它遭到损害，就是孝的开始；一个人建立起自己的功业，并遵循天道，让后人都知晓自己的美名，父母也因此

显赫荣耀，这是孝的最终目标。所谓孝，开始是侍奉父母，然后便是为君王效力，最终是建立功勋，成就事业。”《诗经·大雅》里面说：“怎么能不想念你自己的先祖呢？先祖们的美德盛业，我们一定要继承并将其发扬光大啊！”

天子章第二[1]

子曰："爱亲者，不敢恶于人；敬亲者，不敢慢于人[2]。爱敬尽于事亲，而德教加于百姓[3]，刑于四海[4]，盖天子之孝也[5]。《甫刑》云[6]：'一人有庆，兆民赖之[7]'。"

【注释】

〔1〕天子：指帝王、君主。《礼记·表记》云："惟天子受命于天，故曰天子。"

〔2〕爱亲者，不敢恶于人；敬亲者，不敢慢于人：恶，厌恶，憎恨。慢，轻侮，怠慢。《孟子·梁惠王》："老吾老以及人之老，幼吾幼以及人之幼；天下可运于掌。"全句的意思是：爱自己父母的人就不会讨厌别人的父母；尊敬自己父母的人，就不会怠慢别人的父母。

〔3〕德教加于百姓：德教施于万民的意思。《吕氏春秋·孝行》云："光耀加于百姓。"高诱注："加，施也。"德教：以道德教化。

〔4〕刑于四海：刑，法则。四海，四夷。《尔雅》："九夷、八狄、七戎、六蛮谓之四海。"

〔5〕盖：《公羊传·宣公元年正义》："盖，犹是也。"《广雅·释诂》："是，此也。"

〔6〕《甫刑》：一名《吕刑》，《尚书》篇名。

〔7〕一人有庆，兆民赖之：一人，天子。庆，善也。有庆，指天子有了爱亲敬亲的孝行。兆民，万民，指天下之百姓。兆有两种说法，一说一百万为一兆，一说十亿为兆，这里指数目极多。赖，依靠、凭借的意思。全句意思是说天子行孝，天下百姓都仰仗其善行。

【译文】

孔子说："能够爱护自己的父母，也就不会对别人的父母产生厌恶之心；能够尊敬自己父母的人，也就不会对别人的父母怠慢。天子能够用爱敬之心尽力去侍奉父母，也就会用至高无上的道德去教化人民，他的行为将成为典范，受到天下人民的敬仰。这就是天子的孝道啊！《尚书·甫刑》里说：‘如果天子有孝行，那么一定会得到他的百姓的信赖和仰仗。’”

诸侯章第三〔1〕

在上不骄，高而不危〔2〕；制节谨度〔3〕，满而不溢〔4〕。高而不危，所以长守贵也；满而不溢，所以长守富也。富贵不离其身，然后能保其社稷〔5〕，而和其民人〔6〕。盖诸侯之孝也。《诗》云："战战兢兢，如临深渊，如履薄冰〔7〕。"

【注释】

〔1〕诸侯：指由天子分封的国君。《正义》："次天子之贵者，诸侯也。"按，《释诂》："公侯君也，不曰诸公者，嫌涉天子三公也，故以其次称为诸侯，犹言诸国之君也。"

〔2〕在上不骄，高而不危：不骄，没有骄傲之心，即能守法合礼之意。本句意思是说地位在上而不骄傲，处于高位而没有危险。

〔3〕制节谨度：费用约俭谓之制节，慎行礼法谓之谨度。

〔4〕满而不溢：满，充实，指国库充裕。溢，过分，这里指奢侈浪费。

〔5〕社稷：社，土神。稷，谷神。古之有国者必

立社稷，以社稷之存亡示国家之存亡。古时以“社稷”作为国家代称。

〔6〕和其民人：和，和睦，这里是“使……和睦”的意思。全句意思是说诸侯和人民和睦地相处。民人，百姓。

〔7〕战战兢兢，如临深渊，如履薄冰：战战，恐惧。兢兢，戒慎。临，近。《正义》：“夫子述诸侯行孝终毕，乃引小雅小旻之诗，以结之言。诸侯富贵不可骄溢，常须戒惧，故战战兢兢，常如临深履薄也。”意思是说恐惧谨慎，担心坠入深渊不可复出，担心陷入薄冰下不可拯济。

【译文】

不以自己在众人之上而骄傲自得，那么职位再高也不会出现危险；做事节约俭朴，不越过法度一步，即使再富裕，也不会奢侈浪费。身居高位而不骄傲，财富充裕却不越礼逾规，这种手段才能真正使自己的富贵、福禄长久保有。只有首先做到

拥有富与贵并使之不离其身，方能在此基础上去治理整个国家，也只有这样，才能使其百姓大众和睦相善，这样的做法，大概就是诸侯的孝道吧！《诗经》上讲：“诚惶诚恐，战战兢兢，如同面前有一道深渊，又如同在薄薄的冰上行走一样。”若要长保富贵，只有如此小心谨慎才行。

【高宗书孝经马和之绘图】册 局部 ［宋］马和之 中国台北故宫博物院藏

【高宗书孝经马和之绘图】册 局部 [宋] 马和之 中国台北故宫博物院藏 31-2

卿大夫章第四[1]

非先王之法服，不敢服[2]；非先王之法言，不敢道；非先王之德行，不敢行[3]。是故非法不言，非道不行；口无择言，身无择行[4]；言满天下无口过，行满天下无怨恶[5]。三者备矣，然后能守其宗庙[6]。盖卿大夫之孝也。《诗》云："夙夜匪懈，以事一人[7]。"

【注释】

〔1〕卿大夫：指地位仅次于诸侯的高级官员。《孝经注疏》："次诸侯之贵者，即卿大夫焉。"

〔2〕非先王之法服，不敢服：法服，法定之服也，合乎礼仪规定的服装。不敢服，不敢穿。《尚书·皋陶》孔传："五服，天子诸侯卿大夫之服也，尊卑采章各异，是有等差也。"

〔3〕非先王之法言，不敢道；非先王之德行，不敢行：法言，礼法之言，合乎情、理、法的言论。不敢道，不敢说。德行，符合道德标准的行为。《曾子·立事》："言必有主，行必有法，亲人必有方。"又曰："是故君子出言以鄂鄂，行身以战战，亦殆免于罪矣！"

〔4〕口无择言，身无择行：《曾子·大孝》：“故恶言不出于口，烦言不及于己。”

〔5〕言满天下无口过，行满天下无怨恶：《曾子·立事》云：“君子终日言，不在尤之中；小人一言，终身为罪。”又《曾子·大孝》云：“故君子一举足不敢忘父母，一出言不敢忘父母。一举足不敢忘父母，故道而不径，舟而不游，不敢以先父母之遗体行殆也。一出言不敢忘父母，是故恶言不出于口，忿言不及于己，然后不辱其身，不忧其亲，则可谓孝矣。”

〔6〕宗庙：古时立祖宗神像以祭祀的场所。《孝经注疏》：“天子至士皆有宗庙。”又云：“宗，尊也；庙，貌也；言祭宗庙见先祖之尊貌也。”

〔7〕夙夜匪懈，以事一人：《尔雅·释诂》：“夙，早也。”匪，同“非”，不。懈，惰。全句意谓，卿大夫当能早起夜寝以事天子，不得懈惰。

【译文】

不敢穿戴不是先代圣贤明王所规定的合乎礼法的服饰；不敢去说不是先代圣贤明王所规定的法度言语；不敢去做不符合先代圣贤明王规定的道德准则的事。总之，不合法度的言论不讲，不合道德的事情不做。只要坚持这两条有关言与行的原则，那么，开口说话也无须选择言语，行动做事也不必斟酌考虑。只有这样，即使所说之语传遍了天下，也

不会出现什么不当之处，所做之事传遍天下也不会结怨。只有遵从先代圣贤明王在穿着、言语、行动这三方面的旧制遗规，才能真正守住自己的家业，这大概就是卿大夫们的孝道吧！《诗经》上又说：“从早到晚都不要放松自己，侍奉天子时一定要尽心尽力。”

士章第五[1]

资于事父以事母而爱同，资于事父以事君而敬同。故母取其爱，而君取其敬，兼之者，父也[2]。故以孝事君则忠，以敬事长则顺。忠顺不失，以事其上，然后能保其禄位而守其祭祀，盖士之孝也[3]。《诗》云：“夙兴夜寐，无忝尔所生[4]。”

【注释】

〔1〕士：官名。古时诸侯设置上士、中士、下士之官，其位次于卿大夫。

〔2〕资于事父以事母而爱同，资于事父以事君而敬同。故母取其爱，而君取其敬，兼之者，父也：《广雅·释诂》：“资，取也。”《孟子·公孙丑》：“内则父子，外则君臣，人之大伦也。父子主恩，君臣主敬。”《礼记·表记》：“今父之亲子也，亲贤而下无能；母之亲子也，贤则亲之，无能则怜之。母，亲而不尊；父，尊而不亲。”

〔3〕故以孝事君则忠，以敬事长则顺。忠顺不失，以事其上，然后能保其禄位而守其祭祀，盖士之孝也：长，指公卿大夫。《孟子·梁惠王》：“入以事其父兄，

出以事其长上。”《大学·释齐家治国》：“孝者，所以事君也，悌者，所以事长也。”《礼记·坊记》：“孝以事君，弟以事长，示民不贰也。”《吕氏春秋·孝行览》：“人臣孝，则事君忠。”禄位，古代称官吏的薪水为“禄”，位即职务。祭祀，古时备供品向祖先行礼，表示尊敬并祈求保佑。

〔4〕夙兴夜寐，无忝尔所生：《尔雅·释诂》：“夙，早也。”又《释言》：“兴，起也。”夙兴，早起。夜寐，晚睡。无，不要。忝，羞辱。所生，即生身父母。

【译文】

如何侍奉父亲就如何侍奉母亲，这种爱心是相同的，同样，如何侍奉父亲就如何侍奉君主，这种崇敬之心也是相同的。所以侍奉母亲用爱心，侍奉君主用敬奉之意，这都是与侍奉父亲之心相关连的；但只有侍奉父亲才兼备爱、敬两心。所以又说用孝道去侍奉君主则见其忠心，用尊敬之道去侍奉长者

则见其顺从。具备了忠心与顺从这两个方面，并用它去侍奉国君或上级，那么就能保住自己的俸禄与职位，也会使对祖先的祭祀得以维系。这才是士人的孝道。《诗经》上讲：“要起早贪黑地去做事，不要辜负了生你养你的父亲和母亲！”

庶人章第六[1]

用天之道，分地之利[2]。谨身节用，以养父母[3]。此庶人之孝也。

故自天子至于庶人，孝无终始，而患不及者[4]，未之有也。

【注释】

〔1〕庶人：《正义》："庶者，众也。"庶人，指天下百姓人民。《皇侃》："不言众民者，兼包府吏之属，通谓之庶人也。"

〔2〕用天之道，分地之利：用天之道，指春生（春天耕种）、夏长（夏天耘苗）、秋收（秋天收获）、冬藏（冬天入库），举事顺时，遵守自然规

律。用，善用。分地之利，分别五土，视其高下，各尽所宜。郑注按《周礼·大司徒》：“五土，一曰山林，二曰川泽，三曰丘陵，四曰坟衍，五曰原隰。谓庶人须能分别此五土之高下，随所宜而播种之则。”

〔3〕谨身节用，以养父母：谨身节用，指处世恭谨，用度节省。按古人的说法，身恭谨则远耻辱，用节省则免饥寒。《说文》：“谨，慎也。”谨身，谨慎其身。郑注：“行不为非也。”

〔4〕而患不及：而担心做不到。患，担心。

【译文】

利用大自然的法则，根据土地的肥瘦情况，按时地垦种粮食作物，小心翼翼地办事，节约俭朴，使父母双亲得到供奉，这便是普通人的孝道了。

所以孝道永恒地存在于人类社会之中，无论是高高在上的天子，还是普普通通的人民大众，是不分什么尊卑高下与彼时此刻的。如果有人担心自己不能尽孝，这种事情是不会真正存在的！

三才章第七〔1〕

曾子曰："甚哉〔2〕！孝之大也。"

子曰："夫孝，天之经也〔3〕，地之义也〔4〕，民之行也〔5〕。天地之经，而民是则之〔6〕。则天之明〔7〕，因地之利〔8〕，以顺天下〔9〕，是以其教不肃而成〔10〕，其政不严而治。

"先王见教之可以化民也〔11〕，是故先之以博爱，而民莫遗其亲〔12〕；陈之以德义，而民兴行〔13〕；身之以敬让，而民不争〔14〕；导之以礼乐，而民和睦〔15〕。示之以好恶，而民知禁〔16〕。"

《诗》云："赫赫师尹，民具尔瞻〔17〕。"

【注释】

〔1〕三才：指天、地、人。《正义》："天地谓之二仪，兼人谓之三才。"《易·说卦》："立天之道曰阴与阳，立地之道曰柔与刚，立人之道曰仁与义，兼三才而两之。"

〔2〕甚哉：甚，很，非常。哉，语气词，表示感叹。

〔3〕天之经：《白虎通 · 五经篇》：“经，常也。”《汉书 · 五行志》：“礼，王之大经也。”颜注：“经，谓当法也。天之经，盖谓天下之常法。”《大戴礼 · 曾子 · 大孝》：“夫孝，天下之大经也。”

〔4〕地之义：《淮南子 · 缪称训》：“义者，比于人心而合于众适者也。”《吕氏春秋》曰：“义也者，万事之纪也。言事事适合于众也。”故曰地之义也。

〔5〕民之行也：《尔雅 · 释诂》：“行，道也。”民之行，意思是民所履之道。

〔6〕天地之经，而民是则之：郑注：“天有四时，地有高下。民居其间，当是而则之。”《尔雅 · 释诂》：“则，法也。”则，动词，效法。是则之，意思是把这作为法则。

〔7〕则天之明：《荀子 · 劝学》：“天见其明。”杨注：“明谓日月，盖日月流行，以定四时。”

〔8〕因地之利：《说文》："因，就也，以口以人。"因地之利，意思是就各地之利而利之。因，凭依。

〔9〕以顺天下：郑注："以，用也。用天四时地利，顺治天下，民皆乐之。"按，《管子》曰："顺民之经。"

〔10〕是以其教不肃而成：是以，因此；肃，严厉。这句话的意思是说教化虽然并不严厉，但却能收到显著的效果。

〔11〕先王见教之可以化民也：《白虎通·三教》："教者，何谓也？教者，效也。上为之，下效之。民有质朴，不教不成。"《荀子·不苟》："神则能化矣。"杨倞注："化，谓迁善也。"化，教行也。化民，变其本然之质而日迁于善，日进于德而不知。

〔12〕先之以博爱，而民莫遗其亲：韩愈云："博爱之谓仁。"《祭义》："而老穷不遗。"《释文》："遗，弃忘也。"民莫遗其亲，意思是说人民不弃其父母。

〔13〕陈之以德义，而民兴行：陈，施行，宣扬。《论语》：“上好义，则民莫敢不服也。”《汉书·刘向传》：“颜注，陈，施也。”陈之以德义，意思是说施之以德义也。

〔14〕身之以敬让，而民不争：郑注：“若文王敬让于朝，虞芮推畔于野。上行之，则下效法之。”《礼记·乡饮酒义章》：“先礼而后财，则民作敬让而不争矣。”

〔15〕导之以礼乐，而民和睦：导，倡导。礼，规定社会行为的规范。乐，音乐。《论语·子路》：“上好礼，则民莫敢不敬。”《礼记·文王世子》：“凡三王教世子必以礼乐。乐，所以修内也；礼，所以修外也。礼乐交错于中，发形于外，是故其成也怿，恭敬而温文。”

〔16〕示之以好恶，而民知禁：好，美好的。恶，丑恶的。郑注：“善者赏之，恶者罚之。民知禁，莫敢为非也。”

〔17〕赫赫师尹，民具尔瞻：《诗笺》云：“师，大师，周之三公也。师尹，即周之太师尹氏。故诗曰：‘尹氏太师，为周之氐。’”《汉书·董仲舒传》：“赫赫师尹。”颜师古注：“赫赫，显盛也。”《尔雅·释诂》：“瞻，礼也。”

【译文】

孔子的话讲完了，曾子感慨颇深，说道："孝道多么博大精深啊，真是太伟大了！"

孔子说："孝道，如日月星辰在天上更迭运行，并有其一定规律，也像大地江河流水不竭一样有其适度法则。在人类一切品行中孝道才是最根本的呀！当然也是人们应该遵守的最高准则，更是人类共同信守的道德规范。苍天和大地有自己的运行规律并始终遵循，人们也从其严格的法则中领悟到了自己的最高品行，也按照天地之法一样遵循它。好好地效法天上那日月星辰永恒不变的规律吧！也好好地去把握大地四季生息的转换规律吧！把这些都认识清楚了，也就很容易把天下治理得井井有条。

"其实，教化百姓的道理也完全一样，想获得成功没有必要用那些严厉的手段。对百姓的管理也是一样，同样毋须严刑厉法也可以治理得井井有条。先前的圣贤明君正是领悟到了通过教育便可以感化民众，所以以博爱为中心，身体力行，以身作则，有了如此的感化，民众没有一个会遗弃自己的双亲了。然后徐徐向他们讲述道德、礼义，人们也懂了，并且主动地去按道德、礼义行事。这些先贤们还亲自带头，尊敬别人，在他人面前表现出谦让之态，于是，争斗的现象就不会在民众中出现

了；先圣们还制定了礼仪和音乐，用之引导、教化民众，自然，人们就学会了和睦相处；其实，

只要你向人们引导和宣传‘什么是好的，什么是丑的’，人们是能够区分的，也就不会去触犯禁令和法规。”

《诗经》上说得好：“太师尹氏威严而显赫！你的行为，人们都在仰望，都在效法！”

孝治章第八

子曰："昔者明王之以孝治天下也，不敢遗小国之臣〔1〕，而况于公侯伯子男乎？故得万国之欢心〔2〕，以事其先王。治国者〔3〕，不敢侮于鳏寡〔4〕，而况于士民乎〔5〕？故得百姓之欢心，以事其先君。治家者，不敢失于臣妾，而况于妻子乎〔6〕？故得人之欢心，以事其亲。夫然，故生则亲安之，祭则鬼享之〔7〕。是以天下和平，灾害不生，祸乱不作〔8〕。故明王之以孝治天下也如此。"《诗》云："有觉德行，四国顺之〔9〕。"

【注释】

〔1〕遗：遗弃、遗忘、失礼之意。

〔2〕万国：指四方各诸侯国。唐玄宗曰："万国，举其多也。"欢心：爱护、拥护之心。

〔3〕治国者：指天子所分封的诸侯。郑注："治国者，诸侯也。"

〔4〕鳏寡：《孟子·梁惠王下》："老而无妻曰鳏，

老而无夫曰寡。”郑注：“丈夫六十无妻曰鳏，妇人五十无夫曰寡。”

〔5〕士民：指士绅和平民。

〔6〕治家者，不敢失于臣妾，而况于妻子乎：治家者，指受禄养亲的卿大夫。《周礼·师氏职》：“掌国中失之事。”郑注：“失，失礼者也。”臣妾，指家之贱者，犹今男女仆役。《周礼·太宰职》郑注：“臣妾，男女贫贱之称。”

〔7〕夫然，故生则亲安之，祭则鬼享之：夫然，如此。夫，发语辞。《礼记·祭义》：“君子生则敬养，死则敬享，思终身弗辱也。”

〔8〕天下和平，灾害不生，祸乱不作：郑注：“上下无怨故和平，风雨顺时，百谷成熟，故灾害不生。君惠，臣忠，父慈，子孝，是以祸乱无缘得起也。天违反时令为灾，即是风雨不节。地违反常理为妖，妖即害物，谓水旱伤禾稼也。逢殃为祸，臣下反逆为乱也。”

〔9〕有觉德行，四国顺之：《广雅·释诂》：“觉，大也。”

【译文】

孔子说："从前贤明圣君用孝道去治理天下，还不敢失礼于那些小国派来的使臣，更不敢疏忽和怠慢公、侯、伯、子、男这样一些诸侯大臣了。所以能得各路诸侯国的欢心，并能够让他们侍奉先王。统治一个国家的人，即使对鳏夫、寡妇也都不敢怠慢，更何况对士人和平民呢？所以百姓民众拥护他们，并能侍奉先王，参加诸侯国先君的祭祀。治理一个采邑封地的大夫，不失礼于僚属和侍女，不至于使他们失望，更何况对自己的妻子、儿子呢？所以能获得他们的欢心，并能使妻子儿女侍奉他们的祖亲。如此这样，作为双亲才会在生前就能安乐、详和地生活，父母去世以后，也能得到后代亲人的祭奠。天下也因此变得和平安详，风雨不调、季节不顺的自然灾害也不会发生，甚至也不会出现动乱、反叛之类的人为祸患。如上所说，就是先前圣贤明王用孝道治理天下、安抚民众啊！”《诗经》说得好：“圣主贤君只要有高尚的道德、伟大的品行，四方就不会出现不顺从、不仰慕他们的诸侯！”

圣治章第九

曾子曰："敢问圣人之德[1]，无以加于孝乎[2]？"

子曰："天地之性人为贵[3]，人之行莫大于孝，孝莫大于严父[4]，严父莫大于配天，则周公其人也[5]。昔者，周公郊祀后稷以配天[6]，宗祀文王于明堂以配上帝[7]。是以四海之内，各以其职来祭。夫圣人之德，又何以加于孝乎[8]？故亲生之膝下，以养父母日严[9]。圣人因严以教敬，因亲以教爱[10]。圣人之教，不肃而成，其政不严而治[11]。其所因者，本也[12]。父子之道，天性也，君臣之义也。父母生之，续莫大焉[13]。君亲临之，厚莫重焉[14]。

"故不爱其亲而爱他人者，谓之悖德[15]；不敬其亲而敬他人者，谓之悖礼[16]。以顺则逆，民无则焉[17]。不在于善，而皆在于凶德[18]，虽得之，君子不贵也[19]。

“君子则不然[20]，言思可道[21]，行思可乐[22]，德义可尊，作事可法[23]，容止可观[24]，进退可度[25]，以临其民[26]。是以其民畏而爱之，则而象之[27]，故能成其德教，而行其政令。”

《诗》云：“淑人君子，其仪不忒[28]。”

【注释】

〔1〕敢：与人交谈自言冒昧，表敬副词。可译为大胆地、冒昧地。

〔2〕无以加于孝乎：没有比孝道更好的吗？《吕氏春秋·离俗》：“有可以加矣。”《长利篇》：“不可以加矣。”高注：“加，上也。”

〔3〕天地之性人为贵：天地间有生命之物，最为贵重的是人。《尚书》：“惟天地万物父母，惟人万物之灵。”

〔4〕人之行莫大于孝，孝莫大于严父：莫，没有什么。严，尊敬。按古代说法，万物始于天，人伦始于父。所以对父，应像对天一样尊敬。《后汉书·江革传》：“夫孝者，百行之冠，众善之始也。”《汉书·杜周传》：“孝，人行所先也。”

〔5〕严父莫大于配天，则周公其人也：配天，指祭天而以先祖配之也。郑注：“尊严其父，配食天者，周公为之。故此独举周公一人者，以当代言之耳。周公名旦，文王之子，武王之弟也。”

〔6〕郊祀：古代祭祀天地在郊外。《汉书·郊祀志》：“故郊祀社稷，所从来尚矣。”又：“成帝即位，丞相御史奏曰：帝王之事，莫大于承天之序；承天之序，莫重于郊祀。”后稷：周朝的始祖。传说

当尧之时，其母姜嫄践踏了巨人之足迹而有妊娠，生子以为不吉祥，弃之在隘巷，牛马不践踏他；取置冰上，飞鸟用翅膀护着他；于是又将他抱回来，取名弃。等他长大成人后，舜使居稷官，封于邰，号曰后稷。子孙历代任其官，十五传而至周武王，遂有天下。

〔7〕宗祀文王于明堂以配上帝：《礼记·乐记》："祀乎明堂，而民知孝。"按，明堂亦称清庙。《清庙》诗序云："祀文王也。"《礼记·明堂位》："昔者周公朝诸侯于明堂之位，天子负斧依南乡而立。……明堂也者，明诸侯之尊卑也。"明堂为专祀文王处，故云宗祀上帝、天帝。

〔8〕何以：以何，凭什么。

〔9〕故亲生之膝下，以养父母日严：膝下，指人幼年时常依于父母膝旁，此处指孩提时代。《孟子·尽心》："人之所不学而能者，其良能也；所不虑而知者，其良知也。孩提之童，无不知爱其亲者；及其长也，无不知敬其兄也。亲亲，仁也；敬长，义也。无他，达之天下也。"

〔10〕圣人因严以教敬，因亲以教爱：司马光曰："严亲者，因心自然；恭敬者，约之以礼。"

〔11〕圣人之教，不肃而成，其政不严而治：唐玄宗曰："圣人顺群心以行爱敬，制礼则以施政教，亦不

待严肃而成理也。”此句的意思是圣人的教化虽然并不严厉但却很有成效，圣人的政令虽然并不苛刻但却能使天下太平。

〔12〕其所因者，本也：本，这里指的是孝道，因其为孝道的根本。司马光曰：“本，天性也。”又郑注：“本者，孝也。”

〔13〕父母生之，续莫大焉：续，传宗接代。焉，代词，这。这句的意思是父母生养我们，我们又生子传孙，没有比传宗接代更重要的了。

〔14〕君亲临之，厚莫重焉：意思是君王对臣，好比严父对子女，没有比这更厚重的恩惠。

〔15〕悖德：悖，违背。悖德，即违背道德。

〔16〕悖礼：违背礼仪。

〔17〕以顺则逆，民无则焉：又作“以顺为逆，民无则焉”“以顺，民则；逆，民无则焉”“以顺而逆，民无则焉”。则，法则，榜样。

〔18〕凶德：一种丑恶的品德。古语中将盗、贼、奸视为“凶德”，孝、敬、忠、信为“吉德”。

〔19〕虽得之，君子不贵也：虽，即使。贵，重视。

〔20〕君子则不然：不然，不是这样的。然，如此。

〔21〕言思可道：郑注：“言中诗书，故可传道也。”这句的意思是君子所说的话都要考虑是否能得到别人的称道。

〔22〕行思可乐：郑注：“动中规矩，故可乐也。”这句话的意思是君子所做的事都要考虑到能否使人感到喜悦。

〔23〕作事可法：唐玄宗曰：“制作事业，动得物宜，故可法也。”这句话的意思是君子所建立的事业要使人能够效法。

〔24〕容止可观：容止，容貌和举止。这句话的意思是君子的容貌和举止要使人能够仰望。

〔25〕进退可度：度，法也。郑注：“难进而尽忠，易退而补过。进退均有所宜，故有度也。”这句话的意思是君子的一进一退都能经得起人们的推敲。

〔26〕以临其民：临，统治。这句话的意思是用这样的办法来统治他的臣民。

〔27〕是以其民畏而爱之，则而象之：象，模仿，效法。这句话的意思是因此他的百姓既敬畏他，又拥戴他，并处处效法他模仿他。

〔28〕淑人君子，其仪不忒：淑人，有德行的人，淑，善良。《诗·燕燕》：“终温且惠，淑慎其身。”郑注：“淑，善也。”仪，是说人的规矩礼貌。忒，差也。这句话的意思是善良的君子，他的威仪礼节不会有差错。

【译文】

曾子说：“老师，请您允许我冒昧地提一个问题，圣人的德行又是什么呢？在所有德行之中，难道就没有其他德行比孝道更为重要的了吗？”

孔子说：“人类是天地万物中最为尊贵的。而作为人，他最高的品行便是孝道，没有任何其他东西可以逾越它。作为人，侍奉敬重好父亲就是奉行了孝道，是最大的事业。而尊敬侍奉父亲最关键的就莫过于在祭祀祖先时以父祖为配祀了。这种祭祀以父祖来配祀，最早大约是从周公开始奉行的。据说，从前周公在郊野祭祀天帝时，便将周代的始祖后稷作为天帝的配祀一块祭奉；又在宗族祭祀中，把父亲的灵位安放在明堂中上帝的边上一块祭祀。当时，所有诸侯国都仿效这种做法，恪尽职守，来参加对先祖的祭祀，

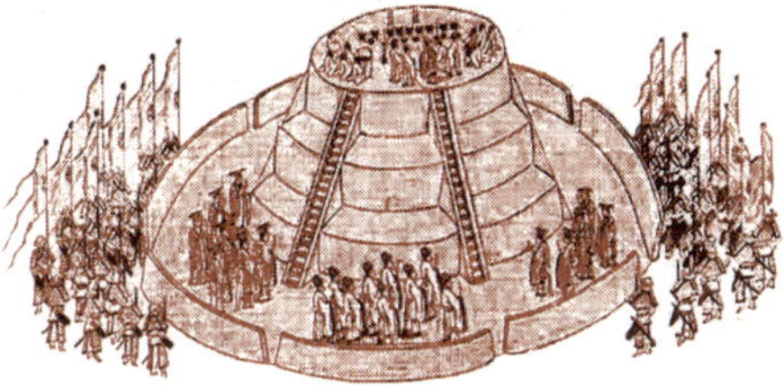

协助周公对文王的祭祀。圣贤明君之德，还有比孝道之举更重要的德行么？所以说，子女对父母的爱敬之心，自年幼绕膝之时便产生了，等到日渐长大成人，爱敬父母之心也随之增加，慢慢也就懂得了对父母的尊敬。圣贤明君就以子女对父母所固有的爱敬天性为基础进行引导，使他们知道孝敬父母是应该的；又以子女亲近父母的天性为基础，教导他们必须爱敬自己的父母。其实圣贤明君要想治理好国家，根本不需要严厉的方法，也不需要残酷的手段。他们管理国家或社会之所以毋须用粗暴手段就可以达到彬彬之治，不过就是因循了孝道这一根本天性而已！以孝道去引导、教育人们，其他一切自然而然便臻于理想之境。其实，父子关系，既是人类所固有的禀性的体现，也是君主与臣子之间的义理关系的体现。父母亲生下儿女以传宗接代，这是人伦中最关键最重要的事情了；父亲既是父亲，其实又如君王一样，父亲兼具两者之义。因此，父和子的关系之重大是没有任何其他关系可以相比的。父亲对子女付予了多么厚重的恩义啊！

“所以说一个人不敬爱他自己的亲人，而去敬爱别的人，这种行为是违背常理的；同理，做儿子的不尊敬他自己的父母亲而只尊敬别的人，也就可斥之为违反普通情理。拿违反常礼的做法去要求民众，不但容易产生社会大乱，而且失去取法的常规的民众也会变得无所适从。假如不做善行反施恶道，不尊事亲长忘弃至爱，即使暂时得到什么，一般也会被道德高行之士鄙弃。

“这样的事情是不会出现在真正的贤明高士身上的。他们的所思所说，都考虑到要为别人所奉行。他们所作所为，都考虑到要能为他人带来快乐。他们的道德、品行都是十分让人尊敬的，他们所做的一切，都是可为大众所效法的。人们对其容貌举止也无从挑剔。就连他们的一进一退，动静举止，都是无不自具法度。诸如此类，不胜枚举。总之，人们完全可以效法圣明贤士的所作所为，包括思维、行动、效果等。正是这些圣明贤士用这样的原则去治理国家，统治百姓，所以得到民众的敬畏、爱戴、效法。自然而然，圣贤君子的德治教化之业能得成就，他们所发布的法规、命令也能奉行、实现了。”这就如《诗经》上所说：“善人君子，最讲礼貌，他的容貌举止，丝毫不会有错的。”

纪孝行章第十

子曰："孝子之事亲也，居则致其敬[1]，养则致其乐[2]，病则致其忧[3]，丧则致其哀[4]，祭则致其严[5]。五者备矣，然后能事亲。事亲者，居上不骄，为下不乱，在丑不争[6]。居上而骄则亡；为下而乱则刑；在丑而争则兵。三者不除，虽日用三牲之养[7]，犹为不孝也。"

【注释】

〔1〕孝子之事亲也，居则致其敬：居，日常的家庭生活。致，尽、极的意思。《曾子·立孝》："君子之孝也，尽力而有礼，庄敬而安之。"这句的意思是作为一个孝子在日常的起居生活中，要用最敬重的心侍奉父母。

〔2〕养则致其乐：郑注："竭欢心以事其亲。"据《礼记·内则》载，曾子云："孝子之养老也，乐其心，不违其志，乐其耳目，安其寝居，以其饮食忠养之。"这句话的意思是孝子要用最愉悦的心情去服侍自己的父母。

〔3〕病则致其忧：《论语》："孟武伯问孝，子曰：'父母惟其疾之忧。'"这句话的意思是孝子在父母生病的时候要用最忧谨的心情去照料他们。

〔4〕丧则致其哀：丧，死亡。唐玄宗曰："擗踊哭泣，尽其哀情。"《礼记·檀弓》："丧礼，哀戚之至也。"这句话的意思是孝子在父母去世时要用最伤痛的心情来料理丧事。

〔5〕祭则致其严：祭，指用仪式来对死者表示悼念或敬意。《论语·八佾》："祭神如神在。"《公羊传·桓公八年》："君子之祭也，敬而不黩。"这句话的意思是孝子在祭祀自己的父母时要用最严肃的态度来追思他们。

〔6〕居上不骄，为下不乱，在丑不争：丑，类，同类。唐玄宗曰："居上不骄，当庄敬以临下；为下不乱，当恭谨以奉上；在丑不争，当和顺以从众。"

〔7〕三牲之养：三牲，指牛、羊、猪。三牲之养，即用美味佳肴供养父母之意。

【译文】

孔子说："作为儿女，侍奉、孝顺他的父母，即使是在日常生活起居中，亦要用最敬重的心对待父母亲；要用最愉快的心情去料理父母的饮食；而一旦父母生病时，又总是那样的担忧、焦虑；假使父母去世，更是悲伤、痛苦无比；并且在祭奠他们的时候，要用最严肃的态度来追怀、思念他们。只有具备了这五个方面，才算是对父母真正有孝心，才具备了侍奉父母的条件。侍奉、孝敬父母的人，即使身居高位也不会表现出骄傲蛮横之态；即使是屈为人下，也不会胡作非为；就是作为一个普普通

【高宗书孝经马和之绘图】册 局部［宋］马和之 中国台北故宫博物院藏 31－3

【高宗书孝经马和之绘图】册 局部 [宋] 马和之 中国台北故宫博物院藏 31-3

通的民众，也不与人争斗，甘守其身。假若因身居高位而骄横无道，就必然遭到败落；因为人之臣属而不满，犯上作乱，那样终会受到法律的制裁；至于作为民众而喜好与他人争斗，械斗将是在所难免。这骄、乱、争三方面的问题不解决，即使侍奉双亲每天用美味佳肴如牛、羊、猪肉等，也算不上是一个有孝心的人。”

五刑章第十一

子曰：“五刑之属三千[1]，而罪莫大于不孝[2]。要君者无上[3]，非圣人者无法[4]，非孝者无亲[5]，此大乱之道也[6]。”

【注释】

〔1〕五刑之属三千：五刑，古代五种轻重不同的刑罚，即墨、劓、剕、宫、大辟。墨者，鲸面。劓者，割鼻。剕者，刖足。宫者，男割势，下蚕室，女闭幽宫中。大辟者，斩首。

〔2〕而罪莫大于不孝：罪行没有比不孝更大的。唐玄宗曰：“条有三千，而罪之大者，莫过于不孝。”《吕氏春秋·孝行览》：商书曰：“刑三百，罪莫重于不孝。”

〔3〕要君者无上：要，要挟，胁迫。这句话的意思是用武力威胁君王的人，心目中就没有君王的存在。

〔4〕非圣人者无法：非，诽谤，诋毁。这句话的意思是用言语诋毁圣人的人，心目中就没有法理的存在。

〔5〕非孝者无亲：这句话的意思是不孝敬父母的人，心目中就没有父母的存在。

〔6〕大乱之道：大乱的根源。道，根源。

【译文】

孔子说："古代有五种刑法：墨指在脸上刺字并涂以墨色；劓指割掉鼻子；刖指砍断脚；宫指割掉男子生殖器、女子幽闭于宫，使其不能再有后代；大辟指处死。能够被处以这五种极刑的罪名可能有三千项，但在这三千项罪名中，没有什么罪比对父母的不孝还要大。以武力威胁君王的人心中根本就没有君王的存在，用言语来诋毁和反对圣贤明道是一种无视法规的作法，不守孝道的人就是不把父母当作自己的亲人。这些都是促成大乱的根源所在。”

广要道章第十二[1]

子曰："教民亲爱[2]，莫善于孝；教民礼顺，莫善于悌[3]；移风易俗，莫善于乐[4]；安上治民，莫善于礼[5]。

"礼者，敬而已矣[6]。故敬其父则子悦[7]，敬其兄则弟悦，敬其君则臣悦，敬一人而千万人悦。所敬者寡，而悦者众，此之谓要道也[8]。"

【注释】

〔1〕广要道：从大的范围来说明孝道。

〔2〕教民亲爱：司马光曰："亲爱谓和睦。"教民亲爱，意思是用亲善仁爱的道德去教育民众。

〔3〕教民礼顺，莫善于悌：顺，顺序，这里指长幼之序。悌，敬事兄长，尊敬长上。这句话的意思是教导百姓懂得长幼之序，没有比用敬事兄长的悌道更好的办法了。

〔4〕移风易俗，莫善于乐：移风易俗，指改变社会风气和习俗。乐，指音乐。郑注："夫乐者，感人情者也。乐正则心正，乐淫则心淫也。"《礼记·乐记》："是故先王之制礼乐也，非以极口腹耳目之欲也，将以教民平好恶而反人道之正也。"这句话的意思是要想改革民情风俗，没有比用音乐更好的办法了。

〔5〕安上治民，莫善于礼：《荀子·修身》："故人无礼则不生，事无礼则不成，国家无礼则不宁。"《论语·宪问》："上好礼，则民易使也。"这句话的意思是让君主安心，让百姓太平，没有比用礼节更好的办法了。

〔6〕礼者，敬而已矣：郑注："礼者，敬之本也。"《孟子·告子》："恭敬之心，礼也。"这句话的意

思是“礼”说到底就是一个“敬”字。

〔7〕故敬其父则子悦：悦，高兴，喜欢。这句话的意思是有人敬重自己的父亲，做儿子的一定感到喜悦。

〔8〕所敬者寡，而悦者众，此之谓要道也：寡，少。郑注：“孝悌以敬之，礼乐以化之，此谓要道也。”这句话的意思是所敬的人少，而高兴的人却很多，这就是所说的要道啊。

【译文】

孔子说：“教育、告诫民众要他们相互亲近、友爱，没有比倡导孝道更好的办法了。教育引导民众讲求礼节，懂得谦卑和顺，最好的办法则没有比自己以身作则、敬重自己的兄长更好的办法了。改变不良的社会风气及陈腐的社会旧俗，建立新的行为规范，没有比通过音乐感化再好的方式了。要使国家安稳、天下民众驯服，没有比按礼教办事再好的办法了。所谓礼，说来也不过就是一个‘敬’字

罢了。只要他人尊敬自己的父亲，做儿子的自然而然就十分高兴。只要他人尊敬自己的兄长，做弟弟的自然而然也十分高兴。同理，尊敬他们的国君，那么此国的大臣们也就心情愉快。敬仰一个人，却能使千千万万的人高兴、愉快。所尊敬的人是少数，但为之喜悦的人却有许许多多，这就是要大力推行孝道的原因所在啊！”

广至德章第十三

子曰："君子之教以孝也，非家至而日见之也[1]。教以孝，所以敬天下之为人父者也；教以悌，所以敬天下之为人兄者也；教以臣，所以敬天下之为人君者也。《诗》云：'恺悌君子！民之父母[2]。'非至德，其孰能顺民如此其大者乎[3]？"

【注释】

〔1〕非家至而日见之也：家至，家家亲自都到。日见，每天都见面。郑注："言教非门到户至，而日见而语，但行孝于内，流化于外也。"

〔2〕恺悌君子，民之父母：恺悌，慈祥和悦的。《礼记》："子言之，君子之所谓仁者，其难乎！"《诗》云："恺悌君子，民之父母。恺以强教之，悌以悦安之。乐而无荒，有礼而亲，威庄而安，孝慈而敬。使民有父之尊，有母之亲。"

〔3〕非至德，其孰能顺民如此其大者乎：顺民，适合民心，顺应民意。意思是没有至高无上的德行，谁能有这样伟大的顺应民心的力量呢？

【译文】

孔子说："君子以孝道去教育、感化民众，并不是要天天挨家挨户地去给人们传授、讲解孝的义理和重要性，而是要用自身的孝行为民众们做出榜样，使其效仿，从而使全天下做父亲的人都能得到尊敬。教人们友爱是通过自身对兄长的尊敬，从而使全天下做兄长的人都能得到尊敬。通过自身对国君的忠诚来感染其他的臣属，为的是使天下做国君的人都受到臣属们的尊敬。《诗经》上讲得好：'和乐平易的君子啊，你是人们的父母。'没有最好的品行道德，怎么能使天下的民众顺从他？孝道的作用，就是具有如此神奇伟大的功用啊！"

广扬名章第十四

子曰："君子之事亲孝，故忠可移于君[1]；事兄悌，故顺可移于长；居家理[2]，故治可移于官。是以行成于内，而名立于后世矣[3]。"

【注释】

〔1〕君子之事亲孝，故忠可移于君：移，转移，感情的转移。这是孔子孝道观的一个重要内容。《大学·释齐家治国》："君子不出家而成教于国。孝者，所以事君也；悌者，所以事长也；慈者，所以使众也。"《礼记·祭统》："忠臣以事其君，孝子以事其亲，其本一也。"《曾子·大孝》："孝子善事君。盖孝子忠臣，相成之道也。"

〔2〕居家理：指善于料理家事。《左传》："先王，理天下。"杜注："理，正也。"

〔3〕是以行成于内，而名立于后世矣：黄道周曰："君子之立行，非以为名也。然而行立，则名从之矣。事亲孝，事兄悌，居家理，此三者，有修于实，而无其名。事君忠，事长顺，居官治，此三者，有其实而名应之。"

【译文】

孔子说："君子侍奉父母如果能够有孝道之心，那么他一定能够将此孝心推移至侍奉君主的忠心。其对待兄长如果能够尊敬又和顺，同样他也能用孝悌之心侍奉长者，顺从前辈。同时，他如果能够管理好家政，处理好家务，自然可以将治家之理用于治国，统治臣属。所以说能够在家中尽孝道，具有美好品德者，必然能够传美名于后世。"

谏诤章第十五[1]

曾子曰："若夫慈爱[2]、恭敬、安亲、扬名，则闻命矣[3]。敢问子，从父之令[4]，可谓孝乎？"子曰："是何言与！是何言与[5]！昔者，天子有争臣七人[6]，虽无道，不失其天下[7]；诸侯有争臣五人，虽无道，不失其国；大夫有争臣三人，虽无道，不失其家[8]。士有争友，则身不离于令名[9]；父有争子，则身不陷于不义[10]。故当不义，则子不可以不争于父，臣不可以不争于君[11]。故当不义，则争之。从父之令，又焉得为孝乎？"

【注释】

〔1〕谏诤：谏，规劝君王、尊长、朋友，使之改正错误。诤，以直言相劝。

〔2〕若夫：连词，用于引起下文，此处可译为像那些。

〔3〕闻命：谦词，意思是说对师长的教导已经领会了。

〔4〕从父之令：听从父母的命令或指示。《庄子·田子方》：“先君之令。”《释文》：“令本作命。”

〔5〕是何言与：这是什么话？是，代词。与，语气词。

〔6〕昔者，天子有争臣七人：争，同“诤”。诤臣指能直言谏诤之臣。郑注：“七人者，谓太师、太保、太傅、右辅、左弼、前疑、后丞。考此七字，非专指七人，而不得增减也。”此处七人，非实数。

〔7〕虽无道，不失其天下：虽，即使。无道，没有仁政。这句的意思是即使他一时缺乏德政，也不会失去天下。

〔8〕诸侯有争臣五人，虽无道，不失其国；大夫有争臣三人，虽无道，不失其家：《白虎通·谏诤》：“诸侯有争臣五人，虽无道不失其国。”《荀子·子道》：“昔万乘之国，有争臣四人，则封疆不削。千乘之国，有争臣三人，则社稷不危。百乘之家，有争臣二人，则宗庙不毁。”

〔9〕士有争友，则身不离于令名：司马光曰：“士无臣，故以友争，益者三友。言受忠告，则其身不离远于善名矣。”令名，好的名誉。

〔10〕父有争子，则身不陷于不义：《礼记·内则》：“父母有过，下气怡色，柔声以谏。谏若不入，起敬起孝。说则复谏。”《论语·里仁》：“事父母几谏，见

志不从，又敬不违，劳而不怨。”

〔11〕当不义，则子不可以不争于父，臣不可以不争于君：郑注云：“君父有不义，臣子不谏诤，则亡国破家之道也。”又云：“委曲从父母，善亦从善，恶亦从恶，而心有隐，岂得谓孝乎？”

【译文】

曾子说：“关于尊敬父母、敬顺兄长、安抚亲属、扬名后世的这些关于孝道的事情，我已经完全明白了。然而，我斗胆还想再问一个问题，做儿子的只要听从父亲的命令或安排，就可以称得上是行孝道了吗？”孔子说：“你这是什么话，你这是什么话！从前，做天子的有七位谏诤之臣，即使这位天子是一位无道之君，但只要有诤臣的直言上谏，他也不会失掉天下江山；诸侯王也有五位谏诤之臣，尽管他是无道之辈，但只要有谏诤之臣指出他的错误，也就不会失掉自己的封地属国；卿大夫只要有三位忠言逆耳之臣，有他们谏诤，即使行无道之事，也不会丢失自己的家园。即使是普通的人也要有几位随时能够向他指出错误的朋友，那样就不会使自己美好的名声受损害；同样父亲身边如果有敢于直言的儿子，就不致陷于不义之中。所以说，当父亲若有不义之举时，做儿子的不可以不向父亲提出规劝；犹如当臣子的不可以不在君王失义之时直

谏一样。所以在发现父亲有不义之举时，不但要直言，而且还要力争。假若只是一味地听从父亲的命令，又哪里称得上是真正的行孝道呢？那样实际上不过是愚从而已！”

感应章第十六[1]

子曰："昔者明王事父孝，故事天明；事母孝，故事地察[2]；长幼顺，故上下治。天地明察，神明彰矣[3]。故虽天子，必有尊也，言有父也[4]；必有先也，言有兄也。宗庙致敬，不忘亲也[5]；修身慎行，恐辱先也[6]。宗庙致敬，鬼神著矣[7]。孝悌之至，通于神明，光于四海，无所不通[8]。"《诗》云："自西自东，自南自北，无思不服。"

【注释】

〔1〕感应：古人认为人间的真诚行为能使神灵作出相应的反应。

〔2〕明王事父孝，故事天明；事母孝，故事地察：《易》："乾，天也，故称乎父。坤，地也，故称乎母。"孔子曰："明于天之道，而察于民之故。"孟子曰："舜明于庶物，察于人伦。"故郑注云："尽孝于父，则事天明。尽孝于母，能事地察。"

〔3〕神明彰矣：神明，宗教迷信中认为的一种超自然的具有人格和意志的力量。彰，表扬、赞许的意思。

〔4〕故虽天子，必有尊也，言有父也：《礼记·祭义》："至孝近乎王，虽天子必有父。至悌近乎霸，虽诸侯必有兄。先王之教，因而弗改，所以领天下国家也。"《春秋繁露》："虽天子必有尊也，教以孝也；必有先也，教以悌也。"这句的意思是即使贵为天子，也必定有比他更尊贵的，那就是他的父亲。

〔5〕宗庙致敬，不忘亲也：宗庙，祭祀先祖的地方。郑注："设宗庙四时斋戒以祭之，不忘其亲。"《礼记·统祭》："春秋祭祀，以时思之，不忘亲也。"《中庸》第十九章："宗庙之礼，所以序昭穆也。"又云："宗庙之礼，所以祀乎其先也。"这句的意思是到宗庙祭祀祖先时要极尽诚敬，这是不敢忘记祖先的恩德。

〔6〕修身慎行，恐辱先也：修身，指修养身心。慎行，行为小心谨慎。先，先祖。司马迁《报任少卿书》："行莫丑于辱先。"李善注："先，祖也。"郑注云："修身者，不敢毁伤。慎行者，不历危殆。恐其辱先也。"《中庸》第二十章："故君子不可以不修身；思修身，不可以不事亲。"《礼记·祭义》："父母既没，慎行其身，不遗父母恶名，可谓能终矣。"这句的意思是平日里修身养性，言行谨慎，这里指唯恐玷污了祖先的英名。

〔7〕宗庙致敬，鬼神著矣：鬼神，即宗庙之祖先。著，明显。《易》："阴阳不测之谓神。"《论语·八佾》："祭如在，祭神如神在。"子曰："吾不与祭，

如不祭。”《孟子·离娄》：“养生者不足以当大事，惟送死可以当大事。”这句话的意思是祭祀祖先时能极尽敬爱之心，那么鬼神也会显示他的功德。

〔8〕孝悌之至，通于神明，光于四海，无所不通：《曾子·大孝》：“夫孝者，天下之大经也。夫孝，置之而塞乎天地，溥之而横乎四海，施诸后世而无朝夕，推而放诸东海而准，推而放诸西海而准，推而放诸南海而准，推而放诸北海而准。”

【译文】

孔子说：“从前，贤明的君主非常孝顺自己的父亲，所以他亦能虔诚地祭祀上帝，而上帝也能明白他的孝心。由于他十分孝顺自己的母亲，所以他亦能虔诚地祭祀地神，而地神也能察明他的孝情。长幼有序，整个天下都会太平无事。天地神明彰察天子的孝道之行，自然能够显灵、降福保佑他们。所以说，即使贵为天子，也必定还有比他更尊贵的人，那人就是他的父亲；亦有比他先生的人，要他尊敬，这人就是

他的兄长。在宗庙里祭祀自己的祖先并表示其敬意，是表示他没有忘记亲人们。重视自己道德修养，并且谨慎小心地做事，就是担心一旦失误有辱先人。他在宗庙举行祭祀，表达对先祖的敬意，先祖们的魂灵就会到来。对父母兄长孝敬顺从达到一定程度，其孝悌之心就能通达于神明，感动祖先的灵魂，以至于这种孝悌之心充溢于整个天下，没有任何一个地方达不到的。”《诗经》上说：“从西到东，从南到北，四面八方没有不顺从的。”

事君章第十七

子曰："君子之事上也[1]，进思尽忠，退思补过[2]，将顺其美，匡救其恶[3]。故上下能相亲也。"《诗》云："心乎爱矣，遐不谓矣[4]？中心藏之[5]，何日忘之！"

【注释】

〔1〕事上：侍奉君王。

〔2〕进思尽忠，退思补过：进，指为朝廷做事。退，回到家里。郑注："死君之难为尽忠。"韦昭曰："退居私室，则思补其身过。"进思尽忠，是说在朝堂为国家做事，要想到怎样尽忠心，没有一点虚伪不实之处。退思补过，是说回到家里，要反省修身，有没有做错事情。

〔3〕将顺其美，匡救其恶：将，助。匡救，扶正补救。郑注："善则称君，过则称己也。"司马光曰："将，助也。"这句的意思是对于君王的美政，要帮助其推行；对于君王的过失，也要匡正补救。

〔4〕遐不谓矣：遐，通"何"。谓，说。

〔5〕中心藏之：中心，即心中。藏，隐藏。

【译文】

孔子说："君子侍奉君王，居庙堂之时，想的是如何为国尽忠；回到家里，还在反省已身，有没有犯什么过错。以便使君王的有益政令得到执行，而那些过错、失误也及时地给予补救、匡正。这样就能使上上下下都能互相亲敬。"《诗经》里说："心中洋溢着爱的情怀，相距太远而不能倾诉，这片心意深深地珍藏在心中，无论何时，永不忘记。"

丧亲章第十八[1]

子曰："孝子之丧亲也，哭不偯[2]，礼无容，言不文[3]，服美不安，闻乐不乐，食旨不甘，此哀戚之情也[4]。

"三日而食[5]，教民无以死伤生，毁不灭性，此圣人之政也[6]。丧不过三年[7]，示民有终也。

"为之棺、椁、衣、衾而举之[8]，陈其簠簋而哀戚之[9]。擗踊哭泣，哀以送之[10]；卜其宅兆，而安措之[11]；为之宗庙，以鬼享之[12]；春秋祭祀，以时思之[13]。生事爱敬，死事哀戚，生民之本尽矣，死生之义备矣[14]，孝子之事亲终矣[15]。"

【注释】

〔1〕丧亲：失去父亲。丧，丧失，失去。

〔2〕孝子之丧亲也，哭不偯：偯，哭泣的余声，以致气竭声嘶，已到悲伤痛哭的极点。《礼记》："斩衰之哭，若往而不反。齐衰之哭，若往而反。大功之哭，三曲而偯。"郑注："三曲，一举声而三折也。偯，

声余从容也。”这句的意思是，孝子应当哭泣，但不可过于悲痛，声断伤身。

〔3〕礼无容，言不文：《国语·周语》韦昭注：“容，仪容也。”《荀子·礼论》杨倞注：“文，谓修饰。”《礼记·丧大记》：“父母之丧，居倚庐，不涂，寝苫枕块，非丧事不言。”又《丧服四制》：“三年之丧，居不言。书云：‘高宗谅闇，三年不言。’此之谓也。”

〔4〕服美不安，闻乐不乐，食旨不甘，此哀戚之情也：乐，前一个乐为音乐的乐，后一个乐为快乐的乐。旨，鲜美的食物。甘，香甜。郑注：“去文绣，衣衰服也。孝子三日成服，衰麻而服三年丧也。”《白虎通·丧服》：“丧礼必制衰麻，盖服以饰情，情貌相配，中外相应，故吉凶不同服，歌哭不同声，所以表中诚也。”《礼记·问丧》：“痛疾在心，故不甘味，身不安美也。”又《间传》：“故父母之丧，既殡食粥，朝一溢米，莫一溢米；齐衰之丧，疏食水饮，不食菜

果；大功之丧，不食醯酱；小功缌麻，不饮醴酒。”《论语》：“夫君子之居丧，食旨不甘，闻乐不乐，居处不安。”

〔5〕三日而食：《礼记·问丧》：“亲始死，……伤肾、乾肝、焦肺，水浆不入口，三日不举火，故邻里为之糜粥以饮食之。”又《丧服四制》：“三日而食，三月而沐，朝而练，毁不灭性，不以死伤生也。”三日而食，指古时丧礼，父母之丧三天以后，才有正常饮食。

〔6〕教民无以死伤生，毁不灭性，此圣人之政也：《曲礼》：“居丧之礼，毁瘠不形。”《礼记·檀弓》：“毁不危身。”

〔7〕丧不过三年：指守丧时期不可超过三年。《论语·阳货》：“子生三年，然后免于父母之怀。夫三年之丧，天下之通丧也。”《礼记·丧服四制》：“始死，三日不怠，三月不解。期悲哀，三年忧，恩之杀也。圣人因杀以制节，此丧之所以三年。贤者不得过，不肖者不得不及，此丧之中庸也，王者之所常行也。”

〔8〕为之棺、椁、衣、衾而举之：棺，棺材。椁，套于棺材外之木盖。衣，寿衣。衾，丧礼用的被褥。举，举葬，举行小殓及大殓的礼节。《礼记·檀弓》：“殷人棺椁。”郑注：“椁，大也，以木为之，言椁大于棺也。殷人尚梓。”又《丧大记》曰：

“君松椁，大夫柏椁，士杂木椁。”郑注云：“周尸为棺，周棺为椁。”《孟子·公孙丑》：“古者棺椁无度。中古棺七寸，椁称之，自天子达于庶人；非直为观美也，然后尽于人心。”又《礼记·檀弓》：“葬也者，藏也；藏也者，欲人之弗得见也。是故，衣足以饰身，棺周于衣，椁周于棺，土周于椁；反壤树之哉。”又《丧大记》：“袍必有表，不禅；衣必有裳，谓之一称。……小殓大殓，祭服不倒，皆左衽结绞不纽。”

〔9〕陈其簠簋而哀戚之：陈，陈列，摆设。簠簋，古代祭祀时，盛稻粱黍稷用的木制器皿。簠盛稻粱，外方内圆。簋盛黍稷，外圆内方。戚，哀伤。《礼记·檀弓》：“丧礼，哀戚之至也；节哀，顺变也；君子念始生之者也。”又云：“奠以素器，以生者有哀素之心也；惟祭祀之礼，主人自尽焉尔。岂知神所飨，亦以主人有齐敬之心也。”

〔10〕擗踊哭泣，哀以送之：擗，拊心曰擗，拍胸之意，指女子哭时用手拍胸。踊，顿足曰踊，男子哭时以足顿地。《礼记·问丧》：“女子哭泣悲哀，击胸伤心；男子哭泣悲哀，稽颡触地无容，哀之至也。”《礼记·檀弓》：“擗踊，哀之至也。”《释文》：“擗，抚心也。”

〔11〕卜其宅兆，而安措之：卜，占卜。《礼记·丧大记》郑注：“卜，卜葬之日也。”《吕氏春秋·举难》

高注："卜，择也。"宅，墓穴。兆，茔域，坟墓的地界。

〔12〕为之宗庙，以鬼享之：宗庙，郑玄注："宗，尊也。庙，貌也；亲虽亡没，事之若生，为立宫室，四时祭之，若见鬼神之容貌。"《礼记·王制》："天子七庙，三昭三穆，与太祖之庙而七。诸侯五庙，二昭二穆，与太祖之庙而五。大夫三庙，一昭一穆，与太祖之庙而三。士一庙，庶人祭于寝。"

〔13〕春秋祭祀，以时思之：春秋，指春秋两季。郑注："四时变易，物有成熟，将欲食之，故荐先祖，念之若生，不忘亲也。"《礼记·王制》："天子诸侯之祭，春曰礿，夏曰禘，秋曰尝，冬曰烝。"

〔14〕生事爱敬，死事哀戚，生民之本尽矣，死生之义备矣：《礼记·曾子问》："曾子曰：父母之丧，弗除可乎？孔子曰：先王制礼，过时弗举，礼也。非弗能勿除也。患其过于制也，故君子过时不祭，礼也。"又《祭义篇》："君子生则敬养，死则敬享，思终身

弗辱也。”吴澄云：“亲在，则事之以爱敬；亲死，则事之以哀戚。生死皆致其孝，然后足以尽生民之本，备死生之义。”又云：“民之生也，心之德为仁，仁之发为爱。爱亲，本也；及人，末也。故孝为生民之本。义者，宜也。生而恭敬，死而哀戚，理所宜然，故曰死生之义。”

〔15〕孝子之事亲终矣：孝子已经尽到侍奉双亲最终的孝道了。

【译文】

孔子说：“孝顺的儿女在父母去世的时候，哭得声嘶力竭，举止行为完全没有了平昔的那种礼仪，说话也不注意措词而显得语无伦次，穿上华丽漂亮的衣服就心中不安，听到美妙的音乐也不觉得愉悦，吃到美味的食物也感觉不到称心，这都是因为亲人去世而悲哀的表现。三天不吃东西，就要劝导他，告诉他不能因为失去亲人而伤害折磨自己，即使再怎么悲伤难过，也不应该不爱惜自己。这些都是圣贤君子的为政之道。为亲人守丧，丧期不可超过三年，表示这些丧制是有它的终止期限的。办丧事的时候，替去世的父母准备好棺材、外棺、衣饰以及装敛用的衣服，把他们安排放置好，再安排陈设一些祭奠用的器具如簠、簋之类，并献上可供祭奠的供物，以表示生者对死者的哀悼。送葬之时，捶胸顿足、嚎啕大哭送出之后，选择一块风水宝地，把遗体安放埋葬在那里，然后建立起一座祭祀用的庙宇，让亡灵有所归依寄托，而且不时去拜祭一下，使亡灵得到安息。祭祀一般在春夏秋冬四季都有，表示在世的人无时不在想念故去的亲人。父母有生之时，要以周到尊敬之心侍奉；父母百年之后，亦要以悲哀之情料理后事。能够做到这些，人总算尽到了人生在世应尽的孝道，也尽了真正的生死之情。作为一个孝子做到这些，也就完成侍奉亲人的义务，便算得上是一位真正守孝道的人了。”

二十四孝

（元）郭居敬

孝感动天

虞舜，瞽瞍之子。性至孝。父顽，母嚚，弟象傲。舜耕于历山，有象为之耕，鸟为之耘。其孝感如此。帝尧闻之，事以九男，妻以二女，遂以天下让焉。

队队春耕象，纷纷耘草禽。

嗣尧登宝位，孝感动天心。

【故事】

舜，传说中的远古帝王，五帝之一。姓姚，名重华，号有虞氏，史称虞舜。相传他的父亲瞽瞍以及继母和同父异母的弟弟象，多次预谋想害死他，但舜聪明过人，每每化险为夷。比如瞽瞍让舜去修补谷仓顶，象却从下面纵火烧谷仓，舜手持两个斗笠乘风跳下，逃脱；又让舜掘井，待井掘深，瞽瞍与象却下土填井，舜另掘地道，再次脱险。

舜在被一家人如此对待之后，却毫不嫉恨，仍对父母恭顺，不失孝道，对弟弟始终友爱。于是他的孝行感动了天帝，当舜在历山耕种时，有大象替他耕地，有鸟儿代他锄草。这般奇迹又被帝尧所听闻，就把两个女儿娥皇和女英嫁给舜，并经过多年观察和考验，选定舜做了他的继承人。

【评析】

二十四孝之虞舜孝行感天

百行孝为先。能够孝顺父母的人，才能把这份孝心推而广之，用于天下人，才能成为贤人。中国古代的圣贤们，无一不恪守孝道，无一不是大孝子。传统文化最看重孝道，正因为“孝”是一种能够推己及人的美德，能够“老吾老以及人之老”，所以，儒家把“孝”视作施行仁爱的根本和“忠”的前提。这就是《论语·学而》所说的“君子务本，本立而道生。孝弟也者，其为仁之本与”。君子专心致志于孝顺父母、敬爱兄长这些最为根本的事情，根本确立了，道也就产生了。这就是施行仁爱的基础吧！

戏彩娱亲

周老莱子，至孝，奉二亲，极其甘脆，行年七十，言不称老。常著五色斑斓之衣，为婴儿戏于亲侧。又尝取水上堂，诈跌卧地，作婴儿啼，以娱亲意。

戏舞学娇痴，春风动彩衣。

双亲开口笑，喜色满庭闱。

【故事】

老莱子是东周时期楚国人，已七十多岁了。虽然是古稀之年，老莱子待父母仍如小孩子一样满腔赤诚，事事体贴入微，关怀备至。为了让父母生活得快乐和开心，他千方百计逗老人发笑。因怕引起老人家伤心，在他们面前，他从不说自己已老，更不在父母面前提“老”字。他还常穿着多彩的花衣，装成小儿蹦跳欢舞的样子，引父母嬉笑，使他们觉得自己也年轻了，可以说用心十分良苦。一次，他端着水上堂，假装跌倒了，躺在地上学着婴儿呜呜娇哭的样子，两位老人慌忙去扶他，他却一下子跳起来，父母明白了他的用意，都乐了。

【高宗书孝经马和之绘图】册 局部 ［宋］马和之 中国台北故宫博物院藏

【高宗书孝经马和之绘图】册 局部 [宋] 马和之 中国台北故宫博物院藏 31-4

【评析】

二十四孝之老莱子弄彩娱亲

有些子女，总视老人为负担，不愿尽赡养老人的义务，只巴望老人快点离世才好，这种思想令人备感心寒。更有甚者，面对年迈的父母，他们明里暗里、口口声声都是“老不死的”，想想这对于垂暮之年、孤单寂寞的老人来说，无异于扎在他们心头的尖刺。为人子女者，敬爱父母，应如老莱子一样，时时处处为父母营造出欢乐温馨的气氛。

鹿乳奉亲

周剡子，性至孝。父母年老，俱患双眼，思食鹿乳。剡子乃衣鹿皮，去深山，入鹿群之中，取鹿乳供亲。猎者见而欲射之。剡子具以情告，以免。

亲老思鹿乳，身挂褐毛衣。

若不高声语，山中带箭归。

【故事】

郯子出生在一户普通的农民家庭，父母只有他这一个独养儿子。父母对郯子从小进行严格的管教，无论是穿衣吃饭、坐卧玩耍，还是读书写字、待人接物，时时刻刻都注意培养孩子美好的道德情操和良好的生活习惯，杜绝一切恶习。

父母年纪大了，都患了眼疾，经医生诊治，要经常喝野鹿乳才能治好。且还不能让母鹿受到惊吓，因为那样鹿乳的药用价值就大大降低了。郯子苦思冥想，终于想出了一个好办法：把鹿皮披在身上，到深山里去，钻进鹿群中，挤取鹿乳，以供奉双亲。

一天，他又上山挤取鹿乳，不巧遇到猎人捕猎，猎人把身披鹿皮的他当作麋鹿了。正当要被猎人射杀的危险时刻，郯子急忙掀起鹿皮走出来，告诉猎人自己是为了挤取鹿乳给双亲治病才身披鹿皮的。猎人听后很感动，对他肃然起敬，不仅把鹿乳送给了他，还护送他出山。

二十四孝之周剡子鹿乳奉亲

从此，郯子的贤名不胫而走。人们慕名而来，纷纷拜郯子为师，学知识，学做人。孔子也曾经接受过郯子的教诲。郯子后来建立郯国，做了郯国的第一任国君。

【评析】

郯子为了满足父母的愿望，装扮成鹿到深山老林中寻觅鹿群，以便得到鹿乳。最后他如愿以偿，得到了鹿乳。在这类孝行故事中，孝子为了让父母高兴，往往是不惜冒危涉险。但是，由于他们所做的事情是传统文化所赞扬的孝行，所以虽历尽艰险，最终却是皆大欢喜——孝子成功，父母高兴，世人赞赏。

为亲负米

周仲由，字子路。家贫，常食藜藿之食，为亲负米百里之外。亲殁，南游于楚，从车百乘，积粟万钟，累茵而坐，列鼎而食，乃叹曰："虽欲食藜藿，为亲负米，不可得也。"

负米供旨甘，宁辞百里遥。
身荣亲已殁，犹念旧劬劳。

【故事】

春秋时的鲁国卞人仲由，字子路，小时候家里非常穷，他侍奉父母却是极尽孝心，即使家徒四壁，也要竭尽所能让父母吃好穿好，而自己往往只随便吃些粗粮。有一次，家里没有粮食了，卞地的粮价却一路飞涨，家里仅剩的那些钱已无法维持生活。子路听说百里之外的某地粮价较低，便不分昼夜地亲自赶去买了米，扛着回家。看着父母又能吃上香喷喷的米饭，他心里乐滋滋的。

二十四孝之仲由为亲负米

两位老人过世后，

子路游学到南方，得到楚王的重用。每次外出随从的车子都有上百辆，座位上的垫子铺得特别厚，每次宴饮都是丰盛的佳肴，在当时声势极为煊赫。子路却一点也不高兴，面对着自己拥有的一切往往黯然神伤，叹息着对人说：“我现在虽然富贵了，可我的父母在哪里？虽然我还想吃粗粮，还想像当年一样肩扛米袋步行百里回家，可是这一切都没有机会了。”

【评析】

当今的儿女是如何侍奉双亲的？新闻媒体时有报道：父母年老体弱，遗弃之，甚至逐出家门，沦落为丐；更恶劣的，有的还杀害父母！为此，我们应竭力弘扬古人恪尽孝道的精神！

其实，父母在世时即使没有丰厚的供给，事事以父母为先，处处以父母为主，时时想着父母，就是真正的孝行。

啮指心痛

周曾参，字子舆，事母至孝。参尝采薪山中，家有客至。母无措，望参不还，乃啮其指。参忽心痛，负薪而归，跪问其故。母曰：“有急客至，吾啮指以悟汝尔。”

母指才方啮，儿心痛不禁。

负薪归未晚，骨肉至情深。

【故事】

周朝有个名叫曾参的人，字子舆，侍奉父母极尽孝道。父亲去世后，更加细心周到地服侍着年迈的母亲。

一天，曾参正在山里打柴，家里突然来了一个客人，母亲无力招待，一时手足无措，巴望着曾参快点回家，又总不见他的身影。她焦急万分，情急之下狠狠地咬了一下自己的手指。常言道：“十指连心，母子是命。”正奋力砍柴的曾参忽然心痛难忍，想念起家里的母亲，背起柴薪飞奔回家。

一进家门，只见母亲坐着呆望门外，忙跪问有什么事情。母亲告诉他：“刚才家里来了客人，我没办法接待，急了咬自己的手指以引起你的注意，让你早点回来，你快去招待客人吧。”

后来，曾参跟随孔子游学到楚国，一天又忽然心痛起来，于是急忙辞别老师回家，问母亲有什么事情。母亲说：“我思念你心切，又不知你什么时候回来，又愁又急，无可奈何之中又咬了手指，不料你果然回来了，这样我的心也就宽慰了。”曾参羞愧难当，自此终日侍奉在母亲身边，不再外出远游。

二十四孝之曾参啮指心痛

【评析】

这个故事其实就是一个母子连心的注解。虽然到现在都没有办法科学地证明人与人之间可以通感的现象，但人们大多相信血缘或者情感，会让一个人与另外一个人产生某种联系，所以这个故事姑且可信。

在这里，曾参告诉我们，孝是人们内心情感的真实流露，它存在于人类的自然天性之中，并非源于外在的约束。

单衣顺母

周闵损，字子骞，早丧母。父娶后母，生二子，衣以棉絮；妒损，衣以芦花。父令损御车，体寒，失纼。父察知故，欲出后母。损曰：“母在一子寒，母去三子单。”母闻，悔改。

闵氏有贤郎，何曾怨晚娘？

尊前贤母在，三子免风霜。

【故事】

东周时期的闵损，字子骞，是孔子的学生，他的德行与颜渊并称，但他的孝悌更为人所称颂。

闵损早年即丧母，后来，父亲娶了后母，后母又生了两个弟弟。后母很不喜欢闵损，经常在父亲面前说他的坏话，挑拨他们父子俩的关系。寒冷的冬天来了，后母给两位弟弟缝制了厚厚的棉衣，给闵损做的棉衣里塞的却是芦花，不能御寒。闵损常常冷得蜷作一团，但他什么也不说。一天，父亲要外出了，让闵损给他驾驭车马。凛冽的寒风呼呼地刮过，闵损哆哆嗦嗦的，连缰绳都握不住了，掉到了地上。父亲大怒，举起手里的鞭子抽打他。哪知闵损的棉衣布料是那样的单薄，父亲只几下便将它抽烂了，里面的芦花露了出来，父亲怔住了，才明白了一切。

回到家，父亲便想休了后母，闵损忙跪下来对父亲说："有母亲在，只有我一个人受冻；如果母亲走了，两个弟弟也只有单衣穿，这样我们三个都会受冻的。请求父亲让母亲留下来吧！"后母听说了此事，非常感动，羞愧于自己以前的言行，从此视闵损如同己出。

【评析】

当时，如果闵损的父亲一怒之下把后妻赶走了，那么可以说，这个家庭从此以后就会天伦不再，妻离子散，这是何等的悲惨。可是因为有闵损这样一位孝子，才使整个家庭为之转变，从可能沦落到悲惨境地的家庭转变为幸福温馨的家庭。这个力量只是在一念之间，这一念就是纯洁之孝，也就是每一个人心目当中都有的发自天性的纯孝。

二十四孝之闵子骞单衣顺母

"母在一子寒，母去三子单"这句话，流传千古，让后代的人都来赞美闵损的孝心孝行。如果我们也是生长在类似的家庭环境当中，我们也应该要懂得与后母好好地相处。

亲尝汤药

前汉文帝，名恒，高祖第三子，初封代王。生母薄太后，帝奉养无怠。母常病，三年，帝目不交睫，衣不解带，汤药非口亲尝弗进。仁孝闻天下。

仁孝临天下，巍巍冠百王。

莫庭事贤母，汤药必亲尝。

【故事】

西汉时期的汉文帝刘恒，是汉高祖刘邦的第三个儿子，从小便奉行孝道。刘恒被封为代王时，生母薄太后跟随他住在一起。刘恒与母亲感情深厚，倾心地侍奉她，尽力让她感到快乐和满足。然而薄太后身体虚弱，常常患病，连续三年都卧病在床。三年里，汉文帝每日勤理朝政，下朝后便衣不解带地陪伴在薄太后病床前。给太后煎好的汤药，他总要亲自尝过才放心让母亲服用，唯恐药饵失调。那些日子里，汉文帝往往通宵达旦陪伴在母亲身边。三

二十四孝之汉文帝亲侍母亲

年后，母亲的身体终于康复，他却由于操劳过度累倒了。汉文帝的仁义和孝顺感动了天下人，加上他治国有方，国家一派兴旺景象，与后来的汉景帝一起开创了历史上“文景之治”的繁荣时代。

【评析】

俗话说：“身体力行”“上行下效”，汉文帝贵为一国之君，却能如此尽心服侍母亲，实在让人崇敬，也难怪他能得天下人心。他能取得那么卓著的政绩，开创出汉朝的盛世，正是笃行孝道的必然结果。

拾葚供亲

汉蔡顺，少孤，事母至孝。遭王莽乱，岁荒不给，拾桑葚，以异器盛之。赤眉贼见而问之。顺曰："黑者奉母，赤者自食。"贼悯其孝，以白米二斗牛蹄一只与之。

黑葚奉萱闱，啼饥泪满衣。

赤眉知孝顺，牛米赠君归。

【故事】

汉代的蔡顺，年幼时便失去了父亲，母亲含辛茹苦地把他拉扯成人。他对母亲非常孝顺，常说："即使肝脑涂地，也报答不了母亲的养育之恩。"当时，恰逢王莽起兵，烽火四起，天下生灵惨遭涂炭。又遇到灾荒，地里粮食欠收，人们都没法吃饱肚子。总不能让娘亲饿肚子吧，蔡顺非常着急，起早贪黑到处找吃的，然而当时那种境地，谈何容易。他只好去挖野菜、剥树皮，煮熟捣烂了给母亲吃。看着年迈的母亲吞咽得那么艰难，他心如刀绞。

一次，蔡顺在一处偏僻的地方意外地发现了一棵桑树，树上结满了桑葚。桑葚有红有黑，蔡顺尝了尝，发现红的味道酸涩，黑的则甘甜无比。他喜出望外，拼命地采摘，又用不同的器皿分别盛装着。

这时，一个赤眉军首领正好路过，看到蔡顺正忙碌着，便问他为什么把红色的桑葚和黑色的桑葚分开装在两个篓子里？蔡顺说："吃呀！那边黑甜的给母亲吃，这边红涩的给自己吃。"这个赤眉军首领一听，敬佩蔡顺是个孝子，又怜悯他们的处境，当下慷慨解囊，送给他一条牛腿、二斗白米。蔡顺千恩万谢，带着采摘的桑葚和赤眉兵送的东西回家了。

二十四孝之蔡顺拾葚供亲

【评析】

蔡顺摘葚的故事，流传甚广。在这个故事中，蔡顺孝顺母亲，把摘得的甜桑葚留给母亲，自己吃酸的。他这种孝行不仅感动了赤眉军，还挣得了孝子的美名。千百年来，人们都把他当作孝子的典型加以颂扬。其实，在那饿殍遍野的年代，不要说桑葚，就是草根，能吃的也早就吃光了。蔡顺每天能够用桑葚果腹，算是幸运的了。赤眉军是西汉末年的起义军，他们赠给蔡顺白米和牛蹄，可见深明孝义之理。

为母埋儿

汉郭巨，家贫。有子三岁，母尝减食与之。巨谓妻曰："贫乏不能供母，子又分母之食，盍埋此子？儿可再有，母不可复得。"妻不敢违。巨遂掘坑三尺余，忽见黄金一釜，上云："天赐孝子郭巨，官不得取，民不得夺。"

郭巨思供给，埋儿愿母存。

黄金天所赐，光彩照寒门。

【故事】

汉朝有一个人叫郭巨，非常贫穷。虽然这样，他仍然很孝顺，诚心诚意地侍奉母亲，妻子受他影响，对待婆婆也一片孝心，夫妻俩总是节衣缩食地让母亲吃饱穿暖。

他们有一个三岁的儿子，每次吃饭的时候，母亲都偷偷地从自己的碗里拨出一部分给这个小孙子吃，小家伙三两口便将奶奶拨给自己的饭吃光了。郭巨看着这一幕，对妻子说："家里太穷，本来就没法供养好母亲，可是儿子不懂事，还要分吃母亲的食品，长此下去，母亲怎么支撑得住呢？我想，咱们将儿子埋掉，就没人分吃母亲的饭食了，这样老人家兴许能多活几年。你我年轻，日后可以再生养，母亲万一有个三长两短的，如何是好？”妻子拗不过他，无奈之下忍痛答应。

郭巨抱着儿子往外走，心如刀割，为了孝敬母亲，这是不得已而为之啊。他找到一块地，挥起锄头挖坑，要将儿子埋在此地。谁知，当他挖到三尺深的地方时，忽然出现了一个陶罐，打开一看，里面装满了沉甸甸、亮闪闪的黄金，每一块黄金上还铸有字迹，写的是：“天赐孝子郭巨，官不得取，民不可夺。”他大喜过望，没想到自己的一片孝心竟然感动了上天。从此，他和妻子对母亲更加孝顺，并决心用虔诚的孝心和恭敬的孝行来回报上天的赐子。

【评析】

郭巨埋儿的故事千百年来广为流传，许多人似乎已经接受了这样一种事实：子女为了尽孝，在非常情况下可以牺牲一切，包括牺牲幼小的生命。但是，如果不为所谓的孝道限制思维，这件事是否可以有另外的选择呢？很显然，为了孝顺母亲，郭巨还有更多的办法可想，还有许多条路

二十四孝之郭巨为母埋儿

可走，但他却选择了这样一种最不易为人接受、同时也是最容易打动人心的办法。这实在是下下之策。表面上看，郭巨之孝已经无以复加，实际上却是既逃避责任又缺少人性，根本不值得宣扬。故事的编造者之所以编造这样一个故事，目的则是为了说明孝行能够感动上苍，所以才有了天赐黄金，让郭巨不至于陷入违背情理的境地。

卖身葬父

汉董永，家贫。父死，卖身贷钱而葬。及去偿工，途遇一妇，求为永妻。俱至主家，令织缣三百匹，乃回。一月完成，归至槐阴会所，遂辞永而去。

葬父贷孔兄，仙姬陌上逢。

织缣偿债主，孝感动苍穹。

【故事】

汉朝董永幼时丧母，随同父亲一起生活。家里虽然很穷，但董永特别孝顺，父子俩相依为命，互亲互爱，日子倒也过得和美。无奈天有不测风云，老父一病不起，溘然逝去。董永伤心万分，哭得死去活来。更难办的事情还在后头，为了医治父亲的病，家里已一贫如洗，甚至连给父亲买棺材的钱都没有，怎样安葬老人家？如何尽人子之孝？后来，他实在无计可施，决定卖身葬父。一个富翁怜惜他，又见他诚实憨厚，便买下了他。

董永用卖身所得的钱给父亲办了丧事。然后在父亲墓前搭了一间草棚，虔诚地为父亲守孝。三年孝满，他便履行卖身契约，到富翁家当长工抵债。他行至一棵老槐树下时，遇到了一名女子，她主动要求嫁

二十四孝之董永卖身葬父

给董永为妻，并与他同去富翁家抵债。富翁告诉他们，若能织出三百匹细绢，可让董永赎身回家。那女子心灵手巧，一个月后便将细绢织成，得以提前偿债赎身。董永带着妻子高高兴兴地回家，谁知刚到他们初次相识的老槐树下，妻子便辞别董永，凌空飞去。

【评析】

孝顺历来是中华民族的传统美德，人们歌颂她，赞美她。董永卖身葬父的故事中增加了仙女相助的美好传说。著名的黄梅戏曲《天仙配》，便是依此创作的。据说，湖北孝感县就是董永与仙女相见和分别之处，县名“孝感”即由此而来。

刻木事亲

汉丁兰，幼丧父母，未得奉养，而思念劬劳之因，刻木为像，事之如生，其妻久而不敬，以针戏刺其指，血出。木像见兰，眼中垂泪。兰问得其情，遂将妻弃之。

刻木为父母，形容在日时。

寄言诸子侄，各要孝亲闱。

【故事】

丁兰，相传是东汉光武中兴时河内（今河南内黄）人。年幼时父母早逝，从小沿街要饭度日，不知过了多少苦日子。在别人的介绍下，他到一家书馆当了一名厨师。虽然工作辛苦，但丁兰从没放弃学习的机会。每天做完饭，他就到书馆学习。

年复一年，丁兰长大成人。虽然生活逐渐好转，但看着别人的父母享受天伦之乐，就开始深切怀念自己父母的养育之恩。他只要一想到父母早亡，自己没能尽孝，就会感到很痛苦和难受。作为一种寄托，也为了安慰自己，就找人刻了双亲的木像，供奉在香案上，终日香火不断。

他对待双亲的木像就像双亲活着一样，毕恭毕敬，凡事都和木像商量。一日三餐，敬过双亲后自己才去吃。出门前一定禀告，回家后一定面见，从不懈怠。到了晚上，丁兰还常常跪在双亲的木像前诉说心事，以表达对双亲的思念之情。久而久之，他的妻子对这种行为很不理解，心想，不就是木像嘛，至于这么成天供着？于是对木像便不太恭敬了。有一次竟然好奇地用针去刺木像的手指，奇怪的是木像的手指中居然流出了血。丁兰回家看到木像眼中含着泪珠，非常惊讶。百般追问下知道了妻子的作为，他狠狠地斥责了妻子的不敬行为，最终将妻子休弃了。

【评析】

不管丁兰的行为是不是极端，也不管丁兰的妻子是有意还是无心，总之，对父母的感恩戴德之心是什么时候都不能丢掉的。即使丁兰的双亲早逝，但对他的影响也是非常深远的。他能在生活富裕之后依然挂念着孝顺父母，以木像作为依托倾诉对父母的爱，这种至诚至真的精神让我们所有人感动。

有些东西，当你拥有它的时候，你不知道珍惜；当你失去它的时候，才追悔莫及。刻木事亲的丁兰，在自己长大后，拥有赡养能力的时候，双亲却已不在，在这等抱憾不已的情况下，“而思念劬劳之恩，刻木为像”。如今我们做子女的，如果不趁着双亲健在的时候，多陪伴他们左右的话，将会更加追悔莫及。物质不丰裕不要紧，只要你真心对待父母，哪怕为他们捶捶背揉揉肩，也能给父母带来无尽的欢乐。时间不充裕不要紧，哪怕是一个电话，贴心的问候，也能给父母带来欣慰。为了不再发生“子欲养而亲不待”的悲哀，多关注我们的父母吧！

二十四孝之丁兰刻木追奉

涌泉跃鲤

汉姜诗，事母至孝；妻庞氏，奉姑尤谨。母性好饮江水，去舍六七里，妻出汲以奉之；又嗜鱼脍，夫妇常作；又不能独食，召邻母共食。舍侧忽有涌泉，味如江水，日跃双鲤，取以供。

舍侧甘泉出，一朝双鲤鱼。
子能事其母，妇更孝于姑。

【故事】

东汉时期，在四川广汉有个叫姜诗的孝子，娶了个妻子叫庞氏，极其孝顺。婆婆喜欢喝江水，虽然相隔六七里远，庞氏也经常去取水回来给婆婆喝。婆婆又很爱吃鲤鱼，夫妻俩就常做鱼给她吃。婆婆吃饭有个习惯，不愿意独自一人吃，认为缺乏人气、不热闹，于是他们又请来邻家老婆婆同她一起享用。

二十孝之姜诗涌泉跃鲤

在一个恶劣的天气里，庞氏依然坚持到江边取水。狂风咆哮，使得庞氏在路上耽搁了很久，回家晚了，耽误了婆婆吃饭。丈夫姜诗怀疑她是故意怠慢母亲，不仅将她狠狠地训斥了一顿，还不由分说地把她赶出了家门。庞氏很委屈，但知道丈夫是出于孝心，便毫无怨言地忍气吞声，寄居在邻居家。不分白天黑夜地辛勤纺纱织布挣钱，还将所有的积蓄托邻居送回家孝敬婆婆。她从来没有透露丈夫对她的无理指责，仍旧一如既往地孝顺婆婆，理解丈夫。

可是时间一长，这件事自然瞒不过老人家。终于有一天，婆婆知道了庞氏被赶出家门的事，非常生儿子的气，“这么好的儿媳妇上哪去找啊？你就这么轻易地伤害人家，人家还不怪你，依然一心一意为这个家！”于是命令姜诗立即把媳妇接回来。姜诗其实也很后悔自己的做法，于是奔跑至邻居家去把妻子接回来。庞氏终于回家了，得到了婆婆和丈夫的理解，她心里觉得暖烘烘的，曾经受过的委屈都抛到了脑后。正当一家人热泪盈眶之际，院子里忽然奇迹般地喷出了泉水，品尝味道，竟然与庞氏辛苦挑回的江水相同。不仅如此，每天还会从泉水中跃出条鲤鱼。从此，庞氏便不用远走江边，可以在家中取水烹鱼，伺候婆婆了。

【评析】

庞氏的孝行感动了上天，正所谓善有善报。

这则故事告诉我们，婆媳之间、夫妇之间是应该互相理解的。“孝”是理解的基础，“孝”是家庭和睦的根源。像那种娶了媳妇忘了娘的儿子们应该多学学这种孝道，像那种只顾自己亲娘不管婆婆的媳妇们更应该遵守这种孝道。有些只会挑拨离间儿子与儿媳关系的婆婆们，也应该多多理解孩子的用心良苦。孝字当头，快乐至上！家庭的和睦美满最重要。

怀桔遗亲

后汉陆绩，年六岁。于九江见袁术。术出桔待之，绩怀桔二枚。及归，拜辞堕地。术曰：“陆郎作宾客而怀桔乎？”绩跪答曰：“吾母性之所爱，欲归以遗母。”术大奇之。

孝悌皆天性，人间六岁儿。

袖中怀绿桔，遗母报乳哺。

【故事】

后汉时期的陆绩，是当时的天文学家。他自小受父亲高风亮节的熏陶，深懂忠义孝悌之道。

陆绩聪明伶俐，酷爱读书，博学多识，人称“神童”，颇有名气。六岁那年，他去九江拜见大名鼎鼎的袁术，一点也不怯场。袁术提的问题，他侃侃而谈，不卑不亢。袁术惊叹小陆绩的才学，破例给他赐坐，还命人端来一盘桔子。那桔子圆圆的，大大的，皮色金黄，肉肥汁多，味道极美。陆绩悄悄地往怀里塞了两个，在场的人谁也没有注意到。

当陆绩向袁术拜别时，怀中的桔子滴溜溜滚到了地上。袁术开始吓了一大跳，以为那是什么“秘密武器”，待看清那不过是桔子时，不禁哈哈大笑：“陆绩呀陆绩，今天你是我的贵客，怎么还偷桔子

二十四孝之陆绩怀桔遗母

呢？”陆绩不慌不忙，跪地答到：“我母亲爱吃桔子，您的桔子太好吃了，我想拿回家去给母亲尝个新鲜。”他振振有辞，神色自若，一点也不显得难堪。因为在他心目中，母亲是伟大而神圣的，儿子孝顺母亲，天经地义，没有什么见不得人的。袁术听了陆绩的回答，惊奇不已，意识到陆绩将来肯定是个不同凡响的人物。后来，果真如此。

【评析】

陆绩怀藏桔子给母亲的故事让人感动不已，但真正这样孝顺的人却不多。现在的人下馆子吃饭，有谁想过家里的父母在吃什么啊？逛街之际频繁为自己添置新装，有谁想想家里的父母都几年没穿过新衣服了？要知道，没有父母，就没有我们的一切。凡事多想想父母，有好东西应该先给父母。不要只顾自己，不管父母。孝心不需要你大量的金钱投资，孝心不需要你无尽的物质补贴。父母在乎的正是你那一个小小的桔子，一把小小的扇子，一句简短的问候，一声亲切的“爸”“妈”！

扇枕温衾

后汉黄香，年九岁，失母，思慕惟切，乡人称其孝。躬执勤苦，事父尽孝。夏天暑热，扇凉其枕簟；冬天寒冷，以身暖其被席。太守刘护表而异之。

冬月温衾暖，炎天扇枕凉。

儿童知子职，知古一黄香。

【故事】

东汉时期的黄香，自小在父母的钟爱下度过。可是当他九岁的时候，慈爱的母亲突然染病身亡。黄香一时接受不了这个事实，于是，日夜思念母亲，形容日见憔悴。因母亲不在，黄香小小年纪就得操持家务。非但如此，他还恭敬地侍奉父亲，极尽孝道，天天给父亲做饭、洗衣，千方百计地让父亲吃好穿暖。夏天天气格外炎热，为了能让父亲睡个安稳觉，每次父亲睡觉前，小黄香都用扇子为父亲将枕席扇凉；寒冷的冬天，他总是先钻进被子，用自己的身体给父亲暖热被褥，随后才叫

二十四孝之黄香扇枕温衾

父亲上床歇息。

太守刘护得知他的孝行，非常惊讶，对他进行了表彰，并将他树为榜样，号召全郡的儿童都来向他学习。后来，他的事迹被编入《三字经》中，供后人作为启蒙时期的学习资料。

【评析】

现代社会科技发达，物质丰裕，我们不需要再像黄香那样扇席暖床了。但他孝敬父母的精神是永远值得我们学习的。当夏天夜晚来临时，我们是否想到早早地开冷风让房间凉爽，父母入睡再及时地关掉冷风，以免着凉；冬天时，是否想到开暖风让父母感到丝丝暖意。仅仅需要你一个小小的举动，父母就会因为子女的细心关爱而欣慰。

行孝是天下所有做子女的应该做的。当父母上年纪时，更需要的是精神上的关爱，如果有时间，应该经常和父母在一起，让父母感到亲情的温暖。我们要以黄香为榜样，从身边一点一滴的小事做起，孝敬父母。

行佣供母

后汉江革，少失父，独与母居。遭乱，负母逃难。数遇贼，或欲劫将去，革辄泣告有老母在，贼不忍杀。转客下邳，贫穷裸跣，行佣供母。母便身之物，莫不毕给。

负母逃危难，穷途贼犯频。

哀求俱得免，佣力以供亲。

【故事】

江革，字次翁，东汉时期齐国临淄（今山东淄博）人。在他很小的时候父亲就过世了，他一个人侍奉着母亲，十分孝顺。

当时正赶上战乱，母亲腿脚不灵便，走路缓慢。为了躲避战乱，江革就背着母亲逃难，大汗淋漓、腰酸背痛也不叫一声苦。路上几次遇到强盗土匪，他首先想到的不是自己逃命，而是如何保护自己的母亲。有的盗贼想杀死他，江革泪流满面并诚恳地说：“你们杀我不要紧，可是我的母亲年纪大了，身体还不好，我要是不在了，就没有人照顾她了。”强盗看他如此孝顺，动了恻隐之心，就没有杀他。战乱平息后，乡里人称赞他为“江巨孝”。

后来，他家搬到江苏下邳，仍然贫穷得没有鞋

二十四孝之江革行佣供母

穿。可是为了不让母亲受苦，自己去做雇工挣钱供养母亲，母亲所需要的东西一样都不少。如果母亲有事外出的话，江革不管有事没事，都要亲自驾车送母亲走，而且怕母亲年老受不了颠簸，驾车驾得很缓慢。

江革背母、行佣、拉车的孝行很快在天下流传开来。汉明帝时江革被推举为孝廉，汉章帝时被推举为贤良方正，并任五官中郎将。

【评析】

乱世出英雄，乱世也出孝子。蔡顺成名于乱世，江革也成名于乱世。他们生当乱世，又逢灾年，家贫如洗，每天都需要为吃饱肚子操劳。在这种情况下，他们出于一片孝心，尽力孝敬老母亲。尤其是江革，更为不易。

闻雷泣墓

魏王裒，事亲至孝。母存日，性怕雷，既卒，殡葬于山林。每遇风雨，闻阿香响震之声，即奔至墓所，拜跪泣告曰："裒在此，母亲勿惧。"

慈母怕闻雷，冰魂宿夜台。

阿香时一震，到墓绕千回。

【故事】

三国时魏国的王裒，小小年纪便懂得敬重、孝顺父母。他的父亲王仪因正直敢言，被骄横跋扈的晋王司马昭无辜杀害。小王裒在母亲的抚育下渐渐长大，他将全部的爱心和孝心放到了母亲身上。除了亲自照料母亲的饮食起居，他还常陪她说话，逗她开心，以解除老人精神上的孤独和凄苦。母亲病了，他日夜侍候在床前，衣不解带地喂汤喂药。母亲生性害怕打雷。每当下雨打雷的时候，他便将门窗关得严严实实的，拉着母亲的手，绝不离开半步。

多少年以后，王裒的母亲久病不治，溘然长逝。他悲痛万分，将父母合葬后，虔诚恭谨地守丧尽孝，每天早晚，都到墓前祭奠。他惦记着母亲怕雷的事情，每当刮风下雨的天气，一听到轰隆隆的雷声，便狂奔到父母的墓地，跪拜着哭诉说：“儿子王裒在此，母亲您千万别怕！”

王裒对父母的感情可谓至深至厚，每当读到《诗经·蓼莪》这一篇中“哀哀父母，生我劬劳”两句时，他都会反复颂读，禁不住泪如雨下，不能自已。

【评析】

看了这个故事，让人心情久久不能平复。不是因为故事情节有多么引人入胜，多么惊心动魄，仅仅是因为主人公对父母的一片热爱与孝敬之心。

二十四孝之王裒闻雷泣墓

每个人对父母孝顺的体现在形式、行为上都不一样，关键是能不能细心观察，急父母之所需，想父母之所想。王裒知道母亲最怕打雷，所以每每打雷都会寸步不离母亲，且生前对母亲如此，死后亦然。设想，如果父亲喜欢下棋，那么你便可以泡两杯清茶，和父亲对弈几盘；若母亲喜爱热闹，那么假日时邀上几位好友到家来，和母亲一起下厨做几道好菜，一来可以和朋友聚聚，二来你也和母亲有了沟通的机会，排遣母亲的寂寞。

古人云：“子欲养而亲不待。”趁着双亲俱在，多多关怀他们才是我们最需要做的。

【高宗书女孝经马和之补图上卷】册 局部［宋］马和之 中国台北故宫博物院藏 31－5

【高宗书女孝经马和之补图上卷】册 局部 [宋] 马和之 中国台北故宫博物院藏 31-5

哭竹生笋

晋孟宗，少丧父。母老，病笃，冬日思笋煮羹食。宗无计可得，乃往竹林中，抱竹而泣。孝感天地，须臾，地裂，出笋数茎，持归作羹奉母。食毕，病愈。

泪滴朔风寒，萧萧竹数竿。

须臾冬笋出，天意报平安。

【故事】

晋朝的孟宗，很小的时候便失去了父亲，母亲含辛茹苦将他拉扯大，且常教育他勤学苦读。在母亲的督促下，他终于学有所成。

孟宗非常孝敬母亲。有一年，孟母突然病了，病情日益严重，饭食难以下咽，孟宗看在眼里，急在心头。孟母原本爱吃清新鲜嫩的竹笋，如今身在病中，跟孟宗唠叨着，说想吃笋煮的羹汤之类的食物。可是，当时正值数九寒冬，万木凋零，哪有鲜嫩的竹笋啊？孟宗无计可施，只好独自跑到竹林里，然而目之所及，只有一片焦黄。想到母亲的病情，想到母亲的心愿，他不禁悲从中来，扶着竹子，放声大哭。

或许孝心感动了天地，就在孟宗哀恸得难以

二十四孝之孟宗哭竹生笋

自制的时候，竹林里出现了奇迹：在他的泪水飞洒之处，竟然破土冒出一颗颗竹笋来，尖尖的、绿绿的、毛绒绒的，还沾带着露滴呢！孟宗喜出望外，马上掘出几棵竹笋抱回家，精心做成羹汤，端给母亲喝。喝着热乎乎的汤，孟母乐得眉开眼笑，病情也随之好转。

【评析】

与其说孟母的病是鲜竹笋治愈的，不如说是孟宗的孝心治愈的。孟宗的个人能力是有限的，他在自然规律面前手足无措也是在所难免的。然而他对母亲的孝敬与爱戴，使自然规律也为其破例——冬天生笋，可见，孝心的震撼不仅仅是对于人类的。

这个带有神话色彩的故事，使我们深刻认识到孝心是一股无形的强大力量，可以治愈父母心理上甚至生理上的病痛。

卧冰求鲤

晋王祥，字休征。早丧母，继母朱氏不慈。父前数谮之，由是失爱于父母。尝欲食生鱼，时天寒冰冻，祥解衣卧冰求之。冰忽自解，双鲤跃出，持归供母。

继母人间有，王祥天下无。

至今河水上，一片卧冰模。

【故事】

晋朝人王祥，字休征。他曾经隐居庐江（今安徽舒城）二十多年，又从温县（今河南温县）县令做到大司农、司空、太尉。晋代魏之后，官至太保。

王祥年少的时候母亲就过世了。他的继母朱氏，对王祥非常不好。屡次在他父亲面前说他的坏话，破坏他们父子关系。王祥受尽了委屈，可后母还百般挑剔和刁难。王祥非但没有和后母作对，反而对后母更好，更加的敬爱，希望用孝心打动后母。

一年冬天，朱氏突然想吃鲜鱼。当时正值隆冬，天寒地冻的，所有河流湖泊都结了厚厚的冰，到哪儿去弄鲜鱼呀？王祥为了使继母满足，不顾寒冷，毅然来到河边，脱去外衣，躺倒在冰上，用自己的血肉之躯去融化那坚硬厚实的冰块。他身下的冰渐

二十四孝之王祥剖冰求鲤

渐融化了，他已冻得麻木不堪。这时，出现了奇迹：只听“扑扑”两声响，冰面自动裂开了一条缝，往外蹦出两条活蹦乱跳的鲤鱼。王祥捉住鲤鱼，别提心里多高兴了。他赶紧回家，给后母做了一顿鲜美可口的鲤鱼汤。看着后娘吃得津津有味，他心里感到莫大的宽慰。

【评析】

一个人在如此的环境中，是什么力量支撑他这样生活下去？这是值得我们反思的。没有什么力量，唯有一个“孝”字，孝可以产生如此大的力量。所以王祥即使面对这么恶劣的环境，他依然能安然地度过。王祥有一颗至诚的孝心，实在是难能可贵。后母在王祥如此的孝敬之下，也很惭愧，最终受到了感化，对待王祥也同亲生儿子一般了。

王祥识大体，明事理。他这种为了家庭和睦的大局而甘心自己受屈，最终用一颗真诚的孝心化解了家庭矛盾的行为是值得我们借鉴的。

扼虎救父

晋杨香，年十四岁，尝随父丰往田获粟粟，父为虎拽去。时香手无寸铁，惟知有父而不知有身，踊跃向前，扼持虎颈，虎亦靡然而逝，父子得免于害。

深山逢白虎，努力搏腥风。

父子俱无恙，脱离馋口中。

【故事】

二十四孝之杨香搤虎救父

杨香，晋朝顺阳（今河南淅川）人，杨丰的女儿。14岁那年，一天，杨香随父亲到田中割麦子，正在割麦时，突然有一斑斓猛虎咆哮着飞扑而来。父亲来不及逃避，竟然被虎拽去。杨香大喊：“有老虎！”这时田野里没有一人，呼救没有人回应。杨香虽手无寸铁，危急之中只知救父亲，忘记了危险，也不知老虎很可怕，勇敢地跑到前面，用左手扼住老虎的脖子，右拳奋力打击。老虎松开了她父亲，拖着尾巴逃跑了，就像是狗害怕人们追击一样。杨香以一幼女之身，徒手与老虎搏斗，老虎竟然不咬她，终于把父亲从老虎口中救下来。

【评析】

这则故事同样让人喟叹不已。杨香的父亲被老虎叼去，摆在她面前的只有两条路：一条是不管父亲，自己拔腿逃命；另一条就是赤手空拳地与老虎搏斗。对于年仅 14 岁的小女孩来说，选择后者显然不自量力，可以说几乎没有生还的希望。但杨香不仅勇敢地留下来，还不可思议地将老虎打跑，应该说，这是孝心使然。

爱的力量是伟大的，亘古如斯，即使愈来愈发达的现代文明社会和遥远的将来亦会如此。父母对子女的爱为舐犊之情，子女对父母的爱以道德的形式体现便是孝。

恣蚊饱血

晋吴猛，年八岁，事亲至孝。家贫，榻无帷帐，每夏夜，蚊多攒肤。恣渠膏血之饱，虽多，不驱之，恐去己而噬其亲也。爱亲之心至矣。

夏夜无帷帐，蚊多不敢挥。

恣渠膏血饱，免使入亲帏。

【故事】

吴猛，字世英，东晋洪州豫章（今江西南昌）人。八岁的时候，就有孝顺之名。家境一向贫寒，床上没有蚊帐，每到夏天，吴猛就在父母身边休息。夜里蚊虻嗡嗡乱飞，屋子里几乎全是。吴猛却不挥扇驱赶。有人感到奇怪，问他为何如此。他说："我一挥扇子，蚊虻就会离我而去，叮咬我的父母。我故意让它们恣意叮咬，那么，我的父母就可以免除叮咬了。"人们都因此认为吴猛不是寻常人。后来，父母相继去世，吴猛为他们服孝守墓。当时，蜀中乱起，盗贼猖獗，焚烧房屋，

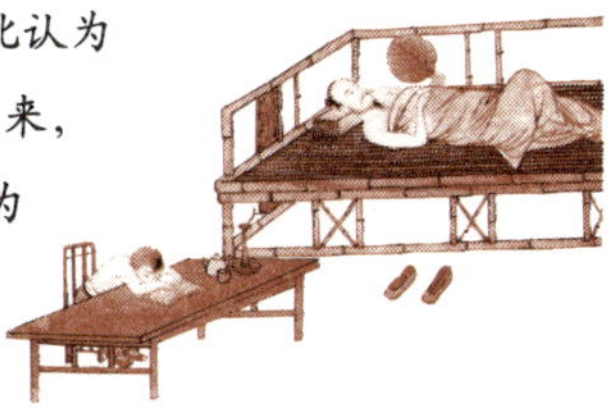
二十四孝之吴猛恣蚊饱血

掘人坟墓，乡村都变成了废墟，路上见不到人迹。吴猛只身一人守在父母的坟墓旁痛哭，不肯离去。盗贼见了，都被他的孝心感动，不忍心侵犯他，吴猛父母的坟墓因此得以保全。

【评析】

吴猛之孝，说起来让人感到好笑。他不驱赶蚊虻，让其恣意叮咬，以为这样就能够免除父母被叮咬的痛苦。这种想法很天真，但出自一个八岁的儿童，又让人感到可信。儿童的思维相对而言比较简单，而且多是直线思维。所以，吴猛的想法看起来可笑，实际上却反映出一个天真无邪的儿童的真实思想。至于他守墓而哭，孝感盗贼，既体现出孝行的力量，又反映出人性的力量。

尝粪心忧

南齐庾黔娄，为孱陵令。到县未旬日，忽心惊汗流，即弃官归。时父疾始二日，医曰："欲知瘥剧，但尝粪苦则佳。"黔娄尝之甜，心甚忧之。至夕，稽颡北辰求以身代父死。

到县未旬日，椿庭遗疾深。

愿将身代死，北望起忧心。

【故事】

南朝齐国时期的庾黔娄，也是个至孝的人。他在北齐担任编政令，由于政绩可嘉，被提拔为孱县县令。上任不到十天，忽然感到一阵心惊肉跳，冷汗直流，心想父子连心，莫不是家里有什么事了。当天他便辞官返程回家。

回到家里，父亲处于弥留之际，情况已明显不好。庾黔娄悄悄向医者询问父亲的病情安危。医者说："现在还不能确定你父亲的病况，但有一个较好的测试办法，就是尝尝他粪便，如果是苦味，说明他病情好转，希望较大。"

庾黔娄生性孝顺，不怕脏、不嫌臭，亲口尝了父亲的粪便，发现味道有点甜滑，并不苦涩。想到

二十四孝之庾黔娄尝粪祈祷

医者的话，他知道父亲的病情加重了，心里非常担忧，不知道该怎么办才好。

病急乱投医，趁着夜深人静的时候，他悄悄跑到后院里，面对北斗星跪下，默默祷告上苍，情愿用自己的生命换取父亲的性命。

【评析】

庾黔娄为了能赶快回家看父亲可以放弃官职，完全抛弃名利，一点儿都不留恋。这是一般人无法做到的，可见庾黔娄对父亲的孝敬何其之深。

过去医疗不发达，所以任何化验的工作都要亲自去做。现在我们可以借用高科技来化验，不用像庾黔娄那样了。但是父母对于我们恩重如山，我们欲报之情、欲报之恩，是永远没有办法报尽的。孝是天之经、地之义，孝敬自己的父母是理所当然，是为人子女所必须要去做的事。

如果没有父母给你生命，如果没有父母谆谆教诲，就不会有你的功名利禄。所以属于你的一切其实都是源于父母的，那你用它们去换父母的健康安乐其实是理所应当的。当工作与照顾老人成为一对矛盾时，应该怎么选择，相信每个人心中都很明白。

乳姑不怠

唐崔山南曾祖母长孙夫人，年高无齿。祖母唐夫人，每日栉洗，升堂乳其姑，姑不粒食，数年而康。一日病，长幼咸集，乃宣言曰："无以报新妇恩，愿子孙妇如新妇孝敬足矣。"

孝敬崔家妇，乳姑晨盥梳。

此恩无以报，愿得子孙如。

【故事】

唐朝崔山南的曾祖母长孙夫人，年龄大，牙齿都脱落了，吃东西很不方便。祖母唐夫人（即崔唐氏）很有孝心。每天，她总是第一个起床，帮婆婆穿衣服，替婆婆洗脸、梳头。接着，她小心翼翼地将婆婆搀扶到厅堂坐下，一口一口地喂婆婆喝奶。她婆婆除了喝奶，根本无法吃其他食物，但在唐氏的精心侍奉下，几年来身体一直都很健康。

一天，长孙夫人因年事过高而卧病不起了。她知道自己不久将离开人世，便把全家老小召集到病床前，拉着唐氏的手说："我没有什么能报答你的恩德，只愿你的儿媳妇、孙媳妇也都会像你一样，恭敬孝顺，我就心满意足了。"

后来，崔山南荣华富贵，同样侍奉祖母和婆婆，尽心尽力，无可挑剔。正如长孙夫人所说的那样，这家人的几代子孙，孝心孝行一个胜过一个，贤名流芳百世。

【评析】

这是一个四代同堂的大家庭，作为崔山南的祖母唐夫人，在这个家庭中已属尊长之辈了，但她却丝毫不懈怠孝敬自己的婆婆。她的孝行不但使婆婆长孙夫人长寿，也为自己的子孙作出了孝敬老人的榜样。她的后代子孙即使发达显贵，仍对她和其他长辈非常孝顺，这就是以身作则的善果。所以后人有诗道：“孝顺还生孝顺子，忤逆还生忤逆儿。不信但看檐前雨，点点滴滴不差移。”

二十四孝之唐夫人乳姑不怠

俗言道：“一代人做给一代人看”，在孝道上，以身作则，弥足重要。长辈的孝行就是晚辈的楷模。为人子女的也应该注意自己的一言一行，因为你们也有孩子，你们对孩子的影响就是从身边的小事开始的，切莫疏忽大意。

亲涤溺器

宋黄庭坚，元府中为太史，性至孝。身虽贵显，奉母尽诚。每夕，亲自为母涤溺器，未尝一刻不供子职。

贵显闻天下，平生孝事亲。

亲自涤溺器，不用婢妾人。

【故事】

黄庭坚，是宋代四大书法家之一。在朝廷做过太史和国子监教授。他虽然身居高位，奴婢成群，但仍然亲自奉养自己的母亲，并把母亲照顾得无微不至。黄母生病多年，黄庭坚日夜守护在母亲身边，喂汤喂药、端屎倒尿，衣不解带。母亲爱干净，他不放心由别人伺候母亲，因此每天都亲自为母亲洗刷便桶，而且洗得非常干净。

他没有一刻忘记做儿子的职责，他说："我是母亲的儿子，小的时候，母亲不怕我的尿臊，不怕我的屎臭，亲自为我洗溺器，揩屁股。我现在要亲自为母亲洗涤溺器，回报母亲的恩德。"所以他的孝行被天下广为传诵。

【评析】

孝顺不是口号，也不是形式，而是一种实际的

二十四孝之黄庭坚亲涤溺器

行动，是一种实实在在的内容。黄庭坚能够持之以恒地坚持为母亲洗刷便桶而毫无怨言，是足以引起我们警醒的。

当然，现在的便桶都升级为坐便器了，也不用天天洗刷。但是，假如父母行动不便，依然需要使用原始的便桶，你会始终如一地坚持照顾他们吗？对父母的爱是人的天性，是发自内心的，这种感情应该体现在日常的行动上，真正让父母生活得舒适。

弃官寻母

宋朱寿昌，年七岁，生母刘氏，为嫡母所妒，出嫁。母子不相见者五十年。神宗朝，弃官入秦，与家人决，誓不见母不复还。后行次同州，得之，时母年七十余矣。

七岁生离母，参商五十年。
一朝相见面，喜气动皇天。

【故事】

对于朱寿昌的孝行，苏轼和王安石都曾作诗赞美过。朱寿昌是宋朝时的人，七岁的时候，他的生母因为被嫡母嫉妒，被赶出家门另嫁他人。从此寿昌就和生母分离了。

寿昌从小就失去了母爱，非常思念自己的母亲。每到初冬，别的小朋友的母亲早早地为自己的孩子做好了棉衣，寿昌的生母却不在；当别的小朋友心中有了委屈，可以依偎在母亲怀里撒娇时，寿昌却不能。他是多么盼望能像别人一样，有母亲在身边，天天嘘寒问暖，被疼爱着，被呵护着啊！

寿昌就在这样的环境中长大，他一直努力读书，后来当了官。虽然生活很富足，可是天下哪有不思念父母的儿子呢？所以他一直明察暗访，希望能找到自己的母亲。

后来到了神宗的时候，他感觉自己年纪已经大了，不能奉养母亲在身旁，是非常遗憾的事。可是茫茫人海，千里迢迢，去哪里寻找母亲？他想再不找到母亲，怕是没有机会了。所以他就毅然辞去官职，要亲自外出去寻找他的母亲。

此时家人不放心他，都来劝阻，可是寿昌态度坚决：如果见不到母亲，就永远不回来。他远到秦（今陕西省）寻母。他的信念非常坚定，一定要寻找到他的母亲，与自己共享天年。

寿昌一人在外，人生地不熟，遇到很多险阻。可是困难动摇不了他寻母的念头。相反，他想到和母亲分别五十多年都不能团聚，就更加深了信念。他寻找着，祈祷着。

功夫不负有心人。终于，到了同州这个地方，奇迹出现了。就在这里，他辗转得知母亲和两个弟弟的下落。这个时候母亲已经七十几岁了，依然健在。分别五十多年，母子相聚，相拥在一起，多少悲欢离合啊！母子俩五十多年骨肉团聚的心愿终于实现了。寿昌非常高兴，把母亲迎回家里同住，很是孝顺。全家过着幸福的生活。

【评析】

二十四孝之朱寿昌弃官寻母

朱寿昌与母亲分离长达五十多年，在如此漫长的岁月中，能始终保持对母亲的孝思不变，实为赤诚孝心的真情流露。谚云：“孝感天地”，朱寿昌母亲五十年下落不明，到最后，靠朱寿昌坚定的寻母誓愿和毅然辞官、不畏艰困地寻找，终能骨肉团圆，力尽孝道，是多么的令人感动。

与朱寿昌相比，我们这些为人子女者，能有服侍孝养父母的机会是何等幸运！把握住在父母身边的日子，用心尽孝，莫让“子欲养而亲不待”的痛苦和悔恨啃噬内心。

附：臣轨

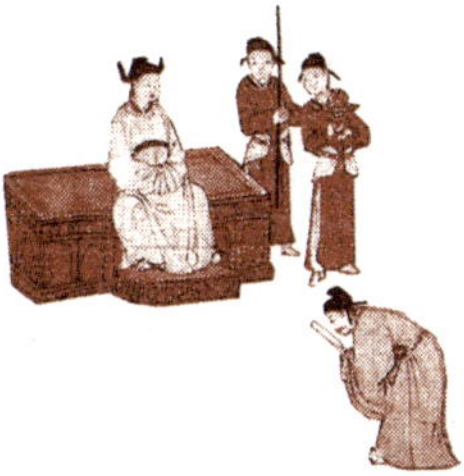

臣　轨

［唐］武则天

【题解】

本篇又名《臣范》，旧题唐武则天撰，实则元万顷等奉敕撰。万顷，唐洛阳（今属河南）人，官至著作郎。武则天朝召人禁中，参与机密，和苗神客等奉敕撰成《臣轨》等书。此篇成于武则天在位时，为武则天规诫群臣的训条，也是神龙二年（706）以后贡举之士习业的学习材料之一。《臣轨》仿唐太宗《帝范》的模式，通过从儒家和道家经籍中精选引语，以论述和体现这一时期十分严密的政策，强调各级各类官员要各守其责、竭尽忠诚地工作，并且一再重申国家利益和权利高于个人这一主题。本篇原文从《粤雅堂丛书》中录出。

（一）

盖闻惟天著象，庶品同于照临；惟地含章，群生等于亭育。朕以庸昧，忝位坤元，思齐厚载之仁，式罄普覃之惠，乃中乃外，思养之志靡殊。惟子惟臣，慈诱之情无隔，常愿甫殚微恳，上翊紫机，爰须众僚，聿匡玄化。伏以天皇明逾则哲，志切旁求，簪裾总川岳之灵，珩珮聚星辰之秀，群英莅职，众彦分司，足以广扇淳风，长隆宝祚。但母之于子，慈爱特深，虽复已积忠良，犹且思垂劝励。昔文伯既达，仍加喻轴之言；孟轲已贤，更益断机之诲。良以情隆抚字，心欲助成。比者太子及王，已撰修身之训，群公列辟，未敷忠告之规，近以暇辰，游心策府，聊因炜管，用写虚襟，故缀叙所闻，以为《臣轨》一部。想到周朝之十乱，爰著十章；思殷室之两臣，分为两卷。所以发挥言行，镕范身心，为事上之轨模，作臣下之绳准。

【今译】

上天的光辉无比，普照着万事万物；大地的美质深厚，抚育着一切生灵。朕平庸昏昧，愧居于皇帝之位，但一心想有承载万物的仁厚之德，使普天下都能得到真正的恩惠，里里外外的所有人们，竭力承顺父母的心意。而作为臣子，同心协力地和蔼诱导人们从善，始终情愿竭尽其忠诚来效命，以此

武则天

辅佐国家的大政，但要治理好国家还需广大臣僚，如此才能纠正失误和扩展教化。古时明达而有才智的皇帝，都能努力搜求贤能，因为显贵汇总了山川的灵气，佩玉凝聚了星辰的秀美，所以让广大英才做官任事，使众多贤人各司其职，就足能弘扬淳和之风，而使皇帝之位长久兴盛。父母对于儿女，是非常慈爱的，即使儿女已很忠诚贤能，还是想方设法给以劝诫和勉励。春秋时的文伯已为达官贵人，母亲敬姜仍以车轴比喻官居要职之人应正直坚固为本；孟子已有圣贤之名，而孟母还以断机来加以教诲。如此的深情抚养爱护，目的在于促使其走上成功之路。前些时日就太子和诸王的情况，已经撰有如何修养身心的训诲，但对公族大臣而言，还没有制定忠告一类规范，近来稍有闲暇空余，便留心于读书之事，姑且拿起笔来，写下心中的感受，再加上所闻所见，撰成了这部《臣轨》。联想起周武时有十个治国平乱的贤臣，就也将此书分作十章；又想到殷商有两位良相，姑且又分成上、下两卷。目的是让大臣们以此作为规范言行的标准、修养身心的榜样，使其成为事奉皇帝必须遵守的规范、衡量大臣优劣的准绳。

（二）

若乃遐想绵载，眇鉴前修，莫不元首居尊，股肱宣力。资栋梁而成大厦，凭舟楫而济巨川，唱和相依，同功共体。然则君亲既立，忠孝形焉。奉国奉家，率由之道宁二；事君事父，资敬之途斯一，臣主之义，其至矣乎！休戚是均，可不深鉴。夫丽容虽丽，犹待镜以端形；明德虽明，终假言而荣行。今故以兹所撰，普锡具僚，诚非笔削之工，贵申裨导之益。何则？正言斯重，玄珠比而尚轻；巽语为珍，苍璧喻而非宝。是知赠人以财者，唯申即目之欢；赠人以言者，能致终身之福。若使佩兹箴戒，同彼韦弦，修己必顾其规，立行每观其则，自然荣随岁积，庆与时新，家将国而共安，下与上而俱泰。察微之士，所宜三思，庶照鄙诚，敬终高德。凡诸章目，列于后云。

【今译】

回想一下遥远的古代，思量一下以往的圣贤，无不是皇帝居于尊位，而大臣们竭力效命。没有栋梁建不成大厦，没有船桨渡不成江河，只有像唱和一样的相互依赖，才能获得圆满的成效。有了君臣的亲近关系，忠诚孝义就能实现。无论是为国做事还是为家做事，所遵循的道理没什么不同；无论是事奉君主还是事奉父母，所要有的恭敬完全一样，臣下与君主之间的关系，也是如此啊！喜乐和忧虑是均等的相辅相成，不能不作为永远的借鉴。即使有好看而美丽的面容，但还需要镜子才能端正其形；即使有贤明而完美的德行，但还得靠宣扬才能名声出众。今天把所撰的这部《臣轨》，赐给天下广大做官为吏的人，并不是为了让大家修改文字，而着重是申明训导增益补阙。为什么会这样说呢？正直的话语非常贵重，黑色的大珠宝与其相比也显得还是轻薄；谦逊的言词特别珍贵，青色的璧玉与其相比也显得不是宝贝。因为我们知道赠送钱财给人，只能带来眼前的欢乐；而赠送良言给人，能使人终身从中吸取营养并获益。如果你们做臣子能经常想着《臣轨》中的告诫，并把它当作像佩带韦弦一样时刻警示自己，而且使它成为自己修身养性的规范、言行举止的准则，如此好名声必能日益为人所知，奖赏也会不断随之而来，家和国也就都平平安安，上上下下同样也太平无事。明智的大小官吏们，应三思而行，只要竭尽自己的忠诚做事，就能获得德高望重之名并永远受人尊敬。现将此书的十个章目，分别列在后面。

（三）

夫人臣之于君也，犹四支之载元首、耳目之为心使也，相须而后成体，相得而后成用。故臣之事君，犹子之事父，父子虽至亲，犹未若君臣之同体也。故《虞书》云："臣作朕股肱耳目。余欲左右有人，汝翼；余欲宣力四方，汝为。"故知臣以君为心，君以臣为体，心安则体安，君泰则臣泰，未有心瘁于中而体悦于外、君忧于上而臣乐于下。古人所谓共其安危，同其休戚者，岂不信欤？

【今译】

臣子和君主的关系，就像人的四肢要支撑脑袋、耳目要受心的使唤一样，相互依附才能成一整体，相互配合才能成功运用。因此臣子事奉君主，就要像儿子事奉父亲一样，虽然父亲与儿子是最近之亲，

但还比不上君主与臣子这种同一整体的关系。《虞书》说："臣子是君主的四肢和耳目。君主要治理天下，得靠臣子辅佐；君主要致力四方，得靠臣子尽力。"由此可见臣子以君主为内心，君主以臣子为外体，内心安了外体也会安，所以君主太平了臣子也会太平，绝对不会有内心忧虑而外体快乐、君主在上忧愁而臣子在下欢乐的情况。古人所说的君主与臣子共度安宁和危难，一同喜乐和忧虑，难道不是如此吗？

（四）

夫欲构大厦者，必藉众材，虽楹柱栋梁，栱栌榱桷，长短方圆，所用各异，自非众材同体，则不能成其构，为国者亦犹是焉。虽人之材能，天性殊禀，或仁或智，或武或文，然非群臣同体，则不能兴其业。故《周书》称殷纣有亿兆夷人，离心离德，此其所以亡也；周武有乱臣十人，同心同德，此其所以兴也。

【今译】

要构造一座高楼大厦，必须具备很多材料，不但要有大的楹柱栋梁，还要有小的栱栌榱桷，虽然它们形状有长短方圆的差异，而用处也各不相同，若没有这多种不同材料的同一整体，就构造不成一座高楼大厦，君主治理国家的道理也与此相同。人的才能有大小之别，天所赋予的品性也很悬殊，所以有的人仁慈而有的人明智，有的人能武而有的人会文，要是没有广大臣子和君主的同一整体，就不可能振兴国家大业。因此《周书》上说殷纣王在位时有亿兆个平庸之人，而且又离心离德，所以导致了殷王朝的灭亡；周武王在位时有十个治国平乱之人，而且又同心同德，所以最终建立起了周王朝的统治。

（五）

《尚书》曰：“明四目，达四聪。”谓舜求贤，使代己视听于四方也。昔屠蒯亦云：“汝为君目，将司明也。”“汝为君耳，将司聪也。”轩辕氏有四臣以察四方，故《尸子》云“黄帝四目”。是知君位尊高，九重奥绝，万方之事，不可独临，故置群官，以备爪牙耳目，各尽其能，则天下自化。

故冕旒垂拱，无为于上者，人君之任也；忧国恤人，竭力于下者，人臣之职也。

【今译】

《尚书》说：“完善各地耳目，广开四方视听。”说的就是舜帝搜求贤良之人，使其代替自己来视听四方。古人屠蒯也说过：“你们是国君的眼目，一定要洞察秋毫。”“你们是君的耳朵，一定要聪明灵敏。”轩辕黄帝有四位臣子专门来洞察四方之事，因此《尸子》宣称“黄帝有四目”。这是因为他们深知君主的地位既尊又高，居于戒备森严的皇宫深院，全国各地的事情，不可能一个个的都去亲自处理，便设置百官来管辖，目的在于以此充作爪牙耳目，使众官各尽其能，以达到天下治理而百姓自化。因此皇帝垂衣拱手不要做事、无所作为地居于上位，这是做个君主的任务；而忧国忧民，竭尽全力地居于下位，这是做个臣子的职责。

（六）

汉名臣奏曰：夫体有痛者，手不能无存；心有惧者，口不能勿言。忠臣之献直于君者，非愿触鳞犯上也，良由与君同体，忧患者深，志欲君之安也。

【今译】

汉代贤名之臣曾上奏说：大凡人的身体有疼痛之处，就会用手去抚摸；人的心中有恐惧之感，就会开口去言语。忠良之臣对君主进献正直言论，并不是想冒犯君主、触犯圣上，实在是因为臣子和君主为同一整体，所以忧患也就特深，这一切都是臣子出于对君主安危的思虑啊。

（七）

陆景《典语》曰：国之所以有臣，臣之所以事上，非但欲备员而已，天下至广，庶事至繁，非一人之身所能周也。故分官列职，各守其位；处其任者，必荷其忧。臣之与主，同体合用，主之任臣，既如身之信手；臣之事主，亦如手之系身。上下协心，以理国事。不俟命而自动，不求容而自亲，则君臣之道著也。

【今译】

陆景《典语》说：国家之所以要设置臣僚，臣僚之所以要侍奉皇上，并不单单是要凑齐员数，还因为天下极为广大，事情也特别繁杂，不是一个人的能力所能照顾周全的。所以需要设置百官分清职任，使

各守其位；凡是在其职任上的，必定要分担其职任上的忧患。臣子和君主的关系，是同一整体并相互为用，君主信任臣子，就像身躯相信手一样；臣子侍奉君主，也就像手必须服从于身躯一样。只有君主和臣子同心协力，才能治理好国家处理好事情。不等有命令就自觉行动，不希求容身就自己亲近，这才是君主和臣子所应奉行的道义。

（八）

盖闻古之忠臣事其君也，尽心焉，尽力焉，称材居位，称能受禄，不面誉以求亲，不愉悦以苟合，公家之利，知无不为，上足以尊主安国，下足以丰财阜人。内匡君之过，外扬君之美；不以邪损正，不为私害公；见善行之如不及，见贤举之如不逮；竭力尽劳而不望其报，程功积事而不求其赏；务有益于国，务有济于人。夫事君者以忠正为基，忠正者以慈惠为本，故为臣不能慈惠于百姓，而曰忠正于其君者，斯

非至忠也。所以大臣必怀养人之德，而有恤下之心。利不可并，忠不可兼，不去小利，则大利不得；不去小忠，则大忠不至。故小利，大利之残也；小忠，大忠之贼也。

【今译】

据说古时的忠臣侍奉他们的君主，不但尽其心，而且竭其力，根据自己的才识担任合适的职位，根据自己的能力接受适当的俸禄，不当面奉承君主而求得亲近，不当面讨好君主而求得附和，凡对公家有利的事，知道了就一定做，如此便达到了对上足能尊敬君主、安定国家，对下足能丰富财物、幸福人民。忠臣居于内朝而能匡正君主的过失，来到外朝而能宣扬君主的美德；从不以邪损正，也不以私害公；见到善良行为唯恐自己学不到家，见到贤能之人唯恐举荐还来不及；自己竭心尽力地干事而不希望得回报，已积累了众多的事功而不企求得到奖赏；一心想着要有益于国家，一心想着要有益于人民。大凡侍奉君主要以忠良正直为基础，而忠良正直必须以仁慈恩惠为根本，如果作为臣子对老百姓不能仁慈恩惠，而只是对君主能忠良正直，那也不算真正的忠臣。因为作为大臣既要怀有养育百姓的美德，同时还要具有体恤下情的心思。利不可并得，忠不可兼有，不舍弃小利，那大利就不可能得到；

不舍弃小忠，那大忠就不可能做好。因此说那种小利，它是大利的凶恶敌人；而那种小忠，它是大忠的阴险贼子。

（九）

昔孔子曰：为人下者，其犹土乎，种之则五谷生焉，掘之则甘泉出焉，草木植焉，禽兽育焉，多其功而不言，此忠臣之道也。

【今译】

圣人孔子说：作为居于下位的臣子，就和从事耕种等劳动的士一样，只有耕种才能收获到五谷粮食，只有挖掘才能享有甘甜的泉水，只有垦植才会有林茂草盛，只有饲养才能得到畜牲家禽，无论费了多少功力而不言语出来，这才是忠臣应有的道义。

（一〇）

《尚书》曰，成王谓君陈曰："尔有嘉谋嘉猷，则入告尔后于内，尔乃顺之于外，曰：'斯谋斯猷，惟我后之德。'臣人咸若，时惟良显哉！"

【高宗书女孝经马和之补图上卷】册 局部 [宋] 马和之 中国台北故宫博物院藏

【高宗书女孝经马和之补图上卷】册 局部 [宋] 马和之 中国台北故宫博物院藏 31-6

【今译】

《尚书》中载，周成王曾对君陈说："你有好的谋略打算，就入朝来告诉天子，然后再在外朝照此办理，并宣称：'这好的谋略打算，是我们天子的恩德。'做臣子的若都能这样，那就太好了啊！"

（一一）

《礼记》曰："善则称君，过则称己，则人作忠。""善则称亲，过则称己，则人作孝。"

【今译】

《礼记》说："美好的就称是君主的，过失的就称是自己的，这是做忠良之人的原则。""美好的就称是父亲的，过失的就称是自己的，这是做孝顺之人的原则。"

（一二）

《昌言》曰：人之事亲也，不去乎父母之侧，不倦乎劳辱之事，见父母体之不安，则不能寝；见父母食之不饱，则不能食；见父母之有善，则欣喜而戴之；见父母之有过，则泣涕而谏之。孜孜为此，以事其亲，焉有为人父母而憎之者也！人之事君也，使无难易，无所惮也；事无劳逸，无所避也；其见委任也，则不恃恩宠而加敬；其见遗忘也，则不敢怨恨而加勤；险易不革其心，安危不变其志；见君之一善，则竭力以显誉，惟恐四海之不闻；见君之微过，则尽心而潜谏，惟虑一德之有失。孜孜为此，以事其君，焉有为人君主而憎之者也！故事亲而不为亲所知，是孝未至也；事君而不为君所知，是忠未至也。古语云："欲求忠臣，出于孝子之门。"非夫纯孝者，则不能立大忠；夫纯孝者，则能以大义修身，知立行之本。欲尊其亲，必先尊于君；欲安其家，必先安于国。故古之忠臣，先其君而后其亲，先其国而后其家，何则？君者，亲之本也，亲非君而不存；国者，家之基也，家非国而不立。

【今译】

《昌言》说：人们侍奉父母亲，就要守在父母身旁而不远离，无论多么辛劳屈辱都不感到厌倦。

看见父母身体不安适，自己就睡不着觉；看见父母一顿没吃好，自己就吃不下饭；看见父母有善行，自己就高兴地称颂；看见父母有过失，自己就泣涕谏诤。人们如此地孜孜不倦，尽力地去侍奉自己的父母亲，哪有做父母的会憎恨儿女这样做的！人们侍奉君主，不管被使唤的是艰难还是容易，都要无所畏惧；不管遇到的事是辛劳还是安逸，都要无所回避；若被委官任用，也不能仗着恩宠而要更加敬重；若被遗漏忘却，也不敢埋怨憎恨而要更加勤奋；无论遇到艰险还是平坦都不改变心意，无论碰上安全还是危难都不改变志向；看见君主的一点长处，就竭尽全力去宣扬赞誉，唯恐四海之人听不到；看见君主的一点过失，就全身心地去恳切谏诤，忧虑其德行有一点缺失。人们如此的孜孜不倦，尽力地去侍奉自己的君主，哪有做君主的会憎恨臣子这样做的！而侍奉父母亲而不被父母亲所知晓，那就是孝顺还没做到家；侍奉君主而不被君主所知晓，那就是忠诚还没做到家。古人常说：“欲求忠臣，出于孝子之门。”不是纯真的孝子，就不可能树立绝对忠诚的思想；而纯真的孝子，就会用仁义去修养自身，并深知德行是立身之本。一个人要尊敬他的父母，必须首先尊敬他的君主；要安定他的家庭，必须首先安定他的国家。因此古代的忠臣，都是先忠于君主再忠于父母，先忠于国家再忠于家庭。为什么会这样呢？因为作为君主，他是臣子的父母之根本，臣子的父母若没有君主的教养就不可能生存；而作为国家，它是臣子的家庭之根基，臣子的家庭若没有国家的庇护就不可能建立。

（一三）

昔楚恭王召令尹而谓之曰："常侍管苏，与我处，常劝我以道，正我以义，吾与处不安也，不见不思也，虽然，吾有得也，其功不细，必厚禄之。"乃拜管苏为上卿。若管苏者，可谓至忠至正，能以道济其君者也。

【今译】

以前楚共王把令尹召来并对他说："经常随侍我的管苏，和我相处时，常常用道义劝导我，用仁义匡正我，我和他相处时感觉不安，不见他也不想他，虽然如此，我还是得到了很多，而他的功劳可谓不小，一定要给他个高官厚禄。"于是拜授管苏为上卿。

像管苏这样的人臣，才堪称最忠诚最公正，因为他能用道义来帮助他的君主成就事业。

（一四）

夫道者，覆天载地，高不可际，深不可测，苞裹万物，禀授无形，舒之覆于六合，卷之不盈一握。小而能大，昧而能明，弱而能强，柔而能刚。夫知道者，必达于理；达于理者，必明于权；明于权者，不以物害己。言察于安危，宁于祸福，谨于去就，莫之能害也。以此退居而闲游，江海山林之士服；以此佐时而匡主，忠立名显而身荣，退则巢许之流，进则伊望之伦也。故道之所在，圣人尊之。

【今译】

所谓的道，上可覆盖天而下可承载地，其高不可接近，其深不可测量，包含着万事万物，禀受自然而无形，舒展则可以覆盖天地四方，收卷则可以不满一只手大。道还能由小变大，由暗变明，由弱变强，由柔变刚。大凡懂得道的人，一定通达事理；而通达事理之人，一定善于权变；而善于权变之人，

伊 尹

不会因财物而害己。如此说的是懂得道可以观察环境的安全危险，遵循事态的祸害福利，谨慎地处理去离就留，无论如何也不会受危害。依据道来隐居闲游之人，遍布江海山林的士人会佩服他；依据道来辅佐君主之人，就会忠良美名远扬而自身荣耀，若隐退就像巢父和许由一样有名，若进取就像伊尹和吕望一样出色。因此道之所在者，圣贤之人都尊奉。

（一五）

《老子》曰：“道常无为，而无不为，侯王若能守之，万物将自化。”“以道佐人主者，不以兵强于天下。”“夫佳兵者，不祥之器，故有道者不处。”又曰：“上士闻道，勤而行之；中士闻道，若存若亡；下士闻道，大笑之。不笑不足以为道。”

【今译】

《老子》说：“道常无为，但又无所不为。君王若能遵守道，那万事万物将会自我化成。”“臣子用道来辅佐君王的，就不会以兴兵动武来逞强于天下。”“大凡好用兵之人，也是种不祥之器，所以有道之人不与其相处。”又说：“高明之人明白了道，会勤奋地去奉行它；中等人明白了道，可能是若存若亡；而最差一等之人明白了道，只会大笑了之。不笑就不足以为道。”

（一六）

《庄子》曰：夫体道者，无天怨，无人非，无物累，无鬼责，一心定而万事得。

【今译】

《庄子》说：大凡能体察道的人，没有天的怨恨，没有人的非议，没有财物的牵累，没有鬼神的责难，专心安定而万事都能成功。

（一七）

《文子》曰：夫道者无为无形，内以修身，外以理人。故君臣有道即忠惠，父子有道即慈孝，士庶有道即相亲。故有道即和同，无道即离贰。由是观之，无道不宜也。

【今译】

《文子》说：道因安静而不见其形，心中有道

文 子

就可养性修身，按道去做就可以治理天下。因此君主有道则仁惠，而臣子有道则忠诚；父亲有道则慈爱，而儿子有道则孝顺；一般士庶之人有道则相互亲近。如果有道，即使关系疏远也会亲近；而如果无道，即使关系亲近也会疏远。由此可见，道对万事万物都适宜。

（一八）

《管子》曰：道者，一人用之，不闻有余；天下行之，不闻不足。所谓道者，小取焉则小得福，大取焉则大得福。道者，所以正其身而清其心者也。故道在身则言自顺，行自正，事君自忠，事父自孝。

【今译】

《管子》说：道这种东西，一个人去享用，没听说过有富余的；而天下所有的人去依照，也没听说过有不足的。这就是所谓的道，少取之就可得小福，多取之就可以得大福。因此说道，它既可以正身而又可以清心。一个人有道自身就能使言语适宜，行为端正，对君主忠心，对父母孝顺。

（一九）

《淮南子》曰：大道之行犹日月，江南河北不能易其所，驰骛千里不能移其处，其趋舍礼俗，无所不通。是以容成得之而为轩辅，傅说得之而为殷相。故欲致鱼者先通水，欲致鸟者先树木，欲立忠者先知道。又曰："古之立德者，乐道而忘贱，故名不动心；乐道而忘贫，故利不动志。职繁而身逾逸，官大而事逾少，静而无欲，淡而能闲，以此修身，乃可谓知道矣。不知道者，释其所以有，求其所未得，神劳于谋，知烦于事，福至则喜，祸至则忧，祸福萌生，终身不悟，此由于不知道也。

【今译】

《淮南子》说：道像日月的光辉普照天下一样无处不至，自江南到河北不足千里因日影相同不能改变其处所，即使奔走千里也不能移动其处所，以道来对礼俗进行取舍，也同样是无所不通。所以容成因得道而成为轩辕皇帝的辅臣，傅说因得道而做了商王武丁的相佐。一个人如果想获得鱼就得先有深水，想获得鸟就得先有茂林，而想树立忠信那就得先通晓道。又说：“古时树立圣人之德的人，因乐于守道而忘了卑贱，所以面对名誉毫不动心；因乐于守道而忘了贫穷，所以面对私利毫不改志。为官之人要做到职务繁忙而自身更加安逸，官位很高而事情更加稀少，还要做到既清静而又无欲望，既恬淡而又能闲逸，这才能称得上是通晓了道。不通晓道的人，丢失了自己原来所拥有的，而去谋求那些自己所得不到的，使精神花费在无益的谋划上，体力浪费在麻烦的事情上，福禄降临他就高兴，祸害降临他就忧愁，而对福禄与祸害的产生原因，直到死了也不明白，这都是因为不通晓道的缘故。

（二〇）

《说苑》曰：山致其高而云雨起焉，水致其深而蛟龙生焉，君子致其道而福禄归矣。万物得其本则生焉，百事得其道则成焉。

【今译】

《说苑》说：“山之高处容易起云下雨，水之深处容易藏有蛟龙，所以君子有了道才能获得福禄。世间的万物只要有根有本那就能生存下去，而世间的事情只要是有了道那就能取得成功。”

（二一）

天无私覆，地无私载，日月无私烛，四时无私为。忍所私而行大义，可谓公矣。智而用私，不若愚而用公。人臣之公者，理官事则不营私家，在公门则不言货利，当公法则不阿亲戚，奉公举贤则不避仇雠。忠于事君，仁于利下，推之以恕道，行之以不党，伊吕是也，故显名存于今，是之谓公也。理人之道万端，所以行之在一，一者何，公而已矣。唯公心可以奉国，唯公心可以理家。公道行，则神明不劳而邪自息；私道行，则刑罚繁而邪不禁。故公之为道也，言甚少而用甚博。夫心者神明之主，万理之统也。动不失正，天地可感，而况于人乎？故古之君子，先正其心。夫不正于昧金而照于莹镜者，以莹能明也；不鉴于流波而鉴于静水者，以静能清也。镜、水以明清之性，故能形物之形，见其善恶，而物无怨者，以镜、水至公而无私也。镜水至公，犹不免于怨，而况于人乎？

【今译】

天毫无保留地覆盖于上，地毫无保留地承载于下，太阳和月亮毫无保留地普照大地，春夏秋冬毫无私心地按时更替。如此的忍着私欲而传布正道，可以称得上是公正了。若聪明之人用智慧去谋私邪，那还不如愚蠢之人的公正为好。作为臣子的公正，那就是处理公事而不为自己图谋私利，在公家干事而不轻易谈论财货盈利，掌管执法而不偏袒亲戚，为公举荐贤良而不回避仇人。事奉君主则忠心耿耿，对待部下则仁慈恩惠，尊崇宽厚公正之道，做事不拉帮结派，伊尹和吕望是这方面的榜样，因此直到今天名声显扬，这也堪称为公正。治理百姓的方法很多，但唯一可行的只有一种，哪一种呢？即公正而已。只有有公正之心才能以国家为重，只有有公正之心才能治理好国家。为官者如果奉行公正之道，那不必费力就能使邪恶自己消失；为官者如果奉行私邪之道，那无论刑罚再重也不能使邪恶禁止。所以说有了公正之道，虽出言不多但作用很大。心灵是精神的根本，是治理万物的统帅。如果行为不失公正，那就能感化天地，更何况人呢？因此古时的君子，首先是有公正之心。人们不用昏暗的铜镜正形，而用晶莹的镜子照看，是因为晶莹的镜子可照得更清楚；人们不以流动的水为镜子，而以静止的水为镜子，是因为静止的水可照得更清晰。因镜和水有清楚、清晰的特性，所以能够显示万物的形貌，不论显示的是好是坏，而万物都无怨无恨，因为镜和水都是极其公正而无私邪的。以镜和水的极其公正，有时也难免被怨恨，更何况人呢？

（二二）

孔子曰："苟正其身，于从政乎何有？不能正其身，如正人何？"又曰："其身正，不令而行；其身不正，虽令不从。"

【今译】

孔子说："如果国君本身公正而无私邪，以此来为政而治理国家没有治理不好的吧？但如果国君本身不公正，那将如何去教百姓公正呢？"又说："若为官之人自身公正，所发的命令就能实行；若为官之人自身不公正，即使发布了命令也无人遵从。"

（二三）

《说苑》曰：人臣之行，有六正六邪。行六正则荣，犯六邪则辱，夫荣辱者，祸福之门也。何谓六正六邪？六正：一曰萌芽未动，形兆未见，照然独见存亡之机、得失之要，预禁乎未然之前，使主超然立乎显荣之处，天下称孝焉，如此者圣臣也。二曰虚心白意，进善通道，勉主以礼义，谕主以长策，将顺其美，匡救其恶，功成事立，归善于君，不敢独伐其劳，如此者，大臣也。三曰卑身贱体，夙兴夜寐，进贤不懈，数称于往古行事，以励主意，庶几有益，以安国家，如此者，忠臣也。四曰察见成败，早防而救之，引而复之，塞其间，绝其源，转祸以为福，令君终以无忧，如此者，智臣也。五曰守文奉法，任官职事，辞禄让赐，不受赠遗，衣服端齐，食饮节素，如此者贞臣也。六曰国家昏乱，所为不谀，然而敢犯主之严颜，面言主之过失，不辞其诛，身死安国，不悔所行，如此者，直臣也。是谓六正也。六邪：一曰安官贪禄，营于私家，不务公事，怀其智，藏其能，主饥于论、渴于策，犹不肯尽节，容容乎与代沉浮，上下左右观望，如此者，具臣也。二曰主所言，皆曰善；主所为，皆曰可；隐而求主之所好而进之，以快主之耳目，偷合苟容，与主为乐，不顾其后害，如此者，谀臣也。三曰中实诐险，外貌小谨，巧言令色，又心疾贤，所欲进则明其美而隐其恶，所欲退则明其过而匿其美，使主妄行过任，赏罚不当，号令不行，如此者，奸臣也。四曰智足以饬非，辩足以行说，反言易辞而成文章，内离骨肉之亲，外妒乱朝廷，如是者，谗臣也。五曰专权擅威，持操国事以为轻重，于私门成党，以富其家，又复增加威权，擅矫主命，以自贵显，如此者，贼臣也。六曰谄主以邪，坠主不义，朋党比周，以蔽主明。入则辩言好辞，出则更复异其言语，使白黑无别，是非无间，候伺可不，推因而附然，使主恶布于境内，闻于四邻，如此者，亡国之臣也。是谓六邪。

贤臣处六正之道，不得六邪之术，故上安而下理。生则见乐，死则见思，此人臣之术也。

【今译】

《说苑》说：臣下的行为，有六正与六邪之分。实行六正则光荣，奉行六邪则耻辱，而光荣与耻辱，又是福禄与祸害产生的根源。什么是六正六邪呢？所谓六正：一是事情还在未动的萌芽状态，各种征兆也还没有显露出来，臣下便能独自洞察到事情存亡的关键、得失的根本所在，将事情控制在未然状态前，使君主永远处于显耀之地，并使天下人都称颂君主的孝义，能做到如此的臣下就是圣臣。二是为人虚心高洁，能向君主举荐有道之人，并能用礼义勉励君主，用良策晓谕君主，对君主的善行大加赞扬，对君主的恶举设法匡正，如果事情成功，就将功劳归于君主，自己不敢居功夸耀，能做到如此的臣下就是大臣。三是为了公事不惜自己身体，起早贪黑的工作，进举贤良不懈怠，时常列举一些过去的善行善事，以此激励君主的意志，这样不仅有益处，还可以使国家长治久安，能做到如此的臣下就是忠臣。四是能洞察君主所做之事的成功与否，提早予以防备和救治，引导君主恢复到未出事之时，再堵塞其漏洞，断绝其根源，以转祸为福，使君主始终处在无忧无患的境地，能做到如此的臣下就是智臣。五是依照文簿而奉公守法，在官位上处理公事，即使有俸禄恩赐也一再辞让，不接受任何馈赠，衣服端庄整齐而不华丽，饮食节俭朴素而不奢侈，能做到如此的臣下就是贞臣。六是在国家混乱之时，自己的所作所为依然是不谄谀以曲从君主之意，反而敢冒犯君主威严的颜面，当面陈述其过失，不怕因言辞而被杀头，为了国家安康而宁愿自己身死，并不为此而感到后悔，能做到如此的臣下就是直臣。这就是所谓的六正。而所谓六邪：一是在官任上贪图俸禄，一心为自家谋私，不好好干公事，有智不替君主谋划，有能不为国家效力，在君主急于议论、渴望良策时还是不肯尽力相告，而是安然地随着个人的意愿上下沉浮、左右观望，凡是如此作为的臣下就是具臣。二是凡君主所说的，都认为是对的；凡是君主所做的，都认为是好的；暗中探求君主爱好的以进献，并想方设法讨得君主的欢心，苟且迎合而以求容身，和君主共同欢乐，不顾以后有什么祸害与否，凡是如此作为的臣下就是谀臣。三是内心格外邪僻，但举止小心谨慎，以花言巧语来谄媚别人，而心里又忌贤妒能，凡是他所想举荐的就只宣扬其好的而掩盖其恶的，凡是他所想屏退的就只宣扬其过失而掩盖其善美，使君主过分地信任他，结果导致赏罚不当，号令不能实行，凡是如此作为的臣下就是奸臣。四是其智能足可掩饰过错，其辩才足可进行游说，可是整天热衷于播弄是非，居家则背弃骨肉亲情，在外则害贤良乱朝廷，凡是如此作为的臣下就是谗臣。五是独自专权而擅自用威，把国家的大事随意地玩弄于股掌之上，靠私立门户、广结朋党来

壮大自己势力，再进一步增加威力权势，擅自篡改君主的命令，显示自己的尊贵，凡是如此作为的臣下就是贼臣。六是用奸邪来谄媚君主，使君主陷入不仁不义，又与同类结为死党，一起来遮盖君主的圣明，入朝则用好言好语讨好君主，出朝则改变说过的好言好语，使黑白混淆，是非颠倒，看见君主的举措不对便去设法附和，而使君主的过失广布境内，甚至流传到四邻，凡是如此作为的臣下就是亡国之臣。这就是所谓的六邪。

贤能的臣子只实行六正之道，而从不实行六邪之术，因此上面安宁、下面得到治理。活着时能被人们喜爱，死了后能被人们思念，这是作为臣子要尽力做的。

（二四）

夫谏者，所以匡君于正也。《易》曰：“王臣謇謇，匪躬之故。”人臣之所以謇謇为难，而谏其君者，非为身也，将欲以除君之过，矫君之失也。君有过失而不谏者，忠臣不忍为也。

【今译】

谏诤的目的，在于匡正君主的过失。《易》说：

“君王的臣子忠贞正直，这不是为了自身。”为什么做个忠贞正直之臣特别难，原因在于他需要谏诤其君主，目的在于消除君主的过错、矫正君主的失误。看见君主的过失而不予以谏诤，这是忠臣不忍心干的事。

（二五）

《春秋传》曰：齐景公坐于遄台，梁丘据驰而造焉。公曰：“唯据与我和夫！”晏子曰：“据亦同也，焉得为和？”公曰：“和与同异乎？”对曰：“异。和如羹焉，水、火、醯、醢、盐、梅以烹鱼肉，宰夫和之，齐之以味，济其不及。君臣亦然。君所谓可，而有否焉，臣献其否，以成其可。君所谓否，而有可焉，臣献其可，以去其否。是以政平而人无争心。故《诗》曰：‘亦有和羹，既戒既平。’今据不然，君所谓可，据亦曰可，君所谓否，据亦曰否。若以水济水，谁能食之？同之不可也如是。”

【今译】

《春秋左氏传》说：齐景公坐在遄台，梁丘据

晏 婴

就迅速地前往侍奉。齐景公说："唯独梁丘据与我相和啊！"晏子说："梁丘据的这种行为叫同，哪能称得上是和呢？"齐景公问："和与同还有差异吗？"晏子回答说："有差异。所谓'和'就像调汤，用水、火、醋、肉酱、盐、梅来烹调鱼肉，宰夫将这些调料和在一起，使汤的味道齐全，并对不美的味再进行增益。君主与臣下的关系也如此。如果君主认为可以，而事实上有不可以处，那臣下就要说明不可以之处，再想方设法成就可以的。如果君主认为不可以，而事实上有可以之处，那臣下就要说明可以之处，再想方设法根除不可以的。只有这样才能做到政治平稳而人无争斗之心。因此《诗经》说：'汤一旦调好，司仪便告诫人们肃静。'如今梁丘据则不然，君主您认为可以，梁丘据也说可以，君主您认为不可以，梁丘据也说不可以。如调汤一样，水已经多了还增加水，有谁能吃下去呢？'同'的不可取也是如此啊。"

（二六）

《家语》曰：哀公问于孔子曰："子从父命，孝乎？臣从君命，忠乎？"孔子不对。

又问三，皆不对。趋而出，告于子贡曰："公问如此，尔以为何如？"子贡曰："子从父命，孝矣；臣从君命，忠矣。夫子奚疑焉？"孔子曰："鄙哉！尔不知也。昔万乘之主，有诤臣七人，则主无过举；千乘之国，有诤臣五人，则社稷不危；百乘之家，有诤臣三人，则禄位不替。父有诤子，不陷无礼；士有诤友，不行不义。子从父命，奚讵为孝？臣从君命，奚讵为忠？"

【今译】

子贡　即端木赐。孔门七十二贤之一，利口巧辞，善于雄辩。曾任鲁卫两国之相。

《孔子家语》说：鲁哀公问孔子："儿子顺从父亲的命令，是孝吗？臣子顺从君主的命令，是忠吗？"孔子对鲁哀公的提问不作答复。鲁哀公就此话题问了孔子多遍，孔子都没作答复。鲁哀公出门后，见到子贡而又以此话题问子贡："我问你与孔子同样的问题，你的看法是什么？"子贡回答说："儿子顺从父亲的命令，这是孝；臣子顺从君主的命令，这是忠。夫子对这还有疑问吗？"孔子得知此事后对子贡说："我的意思你根本不明白。过去万乘之国的君主，有七名直言谏诤之臣，所以君主没有错误的举措；而千乘之国，有五名直言谏诤之臣，所以国家社稷没有什么危险；百乘之家，有三名直言谏诤之臣，所以其禄位能保持下去。父亲有直言谏诤之子，其身就不会陷于不仁义；士人有谏诤的朋友，其行为就不会不义。如果儿子只是一味地顺从父亲的命令，那将父善从善、父恶从恶而能叫孝吗？如果臣子只是一味地顺从君主的命令，那将君善从善、君恶从恶而能叫忠吗？”

（二七）

《新序》曰：主暴不谏，非忠臣也；畏死不言，非勇士也；见过则谏，不用即死，忠之至也。晋平公问叔向曰：“国家之患，孰为大？”对曰：“大臣重禄而不极谏，近臣畏罪而不敢言，下情不得上通，此患之大者也。”公曰：“善。”乃令曰：“臣有欲进善言，而谒者不通，罪至死。”

【今译】

《新序》说：君主暴虐而臣子不谏诤，那就不是忠臣；因害怕死而不敢直言，也不算勇士；而臣子看见君主的过失就谏诤，不采纳便以死来谏诤，这才是最忠之臣。晋平公问叔向："国家的祸患，以什么为最大呢？"叔向回答说："大臣们看重禄位而不直言谏诤，亲近之臣害怕获罪而不敢言语，导致下情不能上达，这是国家的最大祸患。"晋平公说："是这样啊。"于是下命令说："如果有臣子要进宫奉献良策善言，而谒者不及时通报的，那就处以死刑。"

（二八）

《说苑》曰：从命利君谓之顺，从命病君谓之谀，逆命利君谓之忠，逆命病君谓之乱。君有过失而不谏诤，将危国家、殒社稷也。有能尽言于君，用则留，不用则去，谓之谏；用则可，不用则死，谓之诤；有能率群下以谏君，君不能不听，遂解国之大患，除国之大害，竟能尊主安国者，谓之辅；有能抗君之命，反君之事，以安国之危，除主之辱，而成国之大利者，谓之弼。故谏诤辅弼者，所谓社稷之臣、而明君之所贵也。又曰：夫登高栋、临危檐，而目不眴、心不惧者，此工匠之勇也；

入深泉，刺蛟龙、抱鼋鼍而出者，此渔父之勇也；入深山，刺猛兽、抱熊罴而出者，此猎夫之勇也；临战先登，暴骨流血而不辞者，此武士之勇也；居于广廷，作色端辩，以犯君之严颜，前虽有乘轩之赏，未为之动，后虽有斧锧之诛，未为之惧者，此忠臣之勇也。君子于此五者，以忠臣之勇为贵也。

【今译】

《说苑》说：听从命令并利于君主者叫做顺，听从命令但危害君主者叫做谀，违反命令但利于君主者叫做忠，违反命令并危害君主者叫做乱。如果君主有过失而臣子不直言谏诤，那将会使国家危难、社稷灭亡。作为臣子而对君主应竭尽其言，君主能用就留下，不能用就离去，这叫做谏；君主能用就继续去做，不能用就以死相谏，这叫做诤；作为臣子而能率领众多部下来对君主的过失进行谏诤，使君主不得不采纳，并因此而解除了国家的患难，根除了国家的危害，达到了尊重国君和安定国家的目的，这叫做辅；作为臣子而敢违抗君主不当的命令，反对君主不宜的事情，并因此而使国家转危为安，使君主免于受辱，达到了成就国家利益的目的，这叫做弼。所以说谏、诤、辅、弼四种臣子，是社稷之臣，也是贤明的君主所看重的。《说苑》还说：登上高耸的栋梁，身临很高的屋檐，而眼睛不昏不花，心中无丝毫畏惧，这叫做工匠之勇；敢进入深水之中，刺杀蛟龙、捕捉大鳖和鳄鱼，这叫做渔父之勇；敢钻进深山之中，杀死猛兽、猎获既凶又大的熊罴，这叫做猎夫之勇；亲临战场而捷身先登，面对流血牺牲而毫不后退，这叫做武士之勇；身处高大的朝廷，面对君主生气也直言争辩，不怕冒犯君主威严的颜面，即使眼前有高官厚禄的奖赏，也坚持直言争辩而丝毫都不动摇，即使身后有杀身的刑具，也坚持直言争辩而丝毫都不畏惧，这叫做忠臣之勇。君子认为在以上五种勇中，以忠臣之勇为最可贵。

（二九）

《代要论》曰：夫谏诤者，所以纳君于道，矫枉正非，救上之谬也。上苟有谬而无救焉，则害于事，害于事则危。故《论语》曰："危而不持，颠而不扶，则将焉用彼相矣。"然则扶危之道，莫过于谏。是以国之将兴，贵在谏臣；家之将兴，贵在谏子。若君父有非，臣子不谏，欲求国泰家荣，不可得也。

【今译】

《代要论》说：谏诤的目的，在于引导君主步入正道，矫君主之枉、正君主之非，挽救君主的谬误。如果君主有谬误而没人去挽救，那将会危害政事，一旦危害政事就会导致国家的危亡。因此《论语》说："看见主人遇到危险而不去救助，看见主人将要摔倒而不去搀扶，那又何必要用他人做助手呢？"然而所有的扶持帮助中，没有比谏诤的作用更大的。所以说要使国家兴盛，最重要的是要有谏诤之臣；要使家庭兴盛，最重要的是要有谏诤之子。如果君主、父亲有过失，而臣子、儿子不直言谏诤，要想取得国家富裕、家庭荣耀，这肯定是办不到的。

（三〇）

凡人之情，莫不爱于诚信。诚信者，即其心易知，故孔子曰："为上易事，为下易知。"非诚信无以取爱于其君，非诚信无以取亲于百姓。故上下通诚者，则暗相信而不疑；其诚不通者，则近怀疑而不信。孔子曰："人而无信，不知其可。大车无輗，小车无軏，其何以行之哉？"

【今译】

大凡作为人都有一个常情，那就是喜爱诚实守信之人。因为一个人若诚实信用，那他的心就容易被人们了解，所以孔子说："在上之人诚实守信就容易成就事情，在下之人诚实守信就容易被人们了解。"一个人若不诚实守信那就得不到君主的喜爱。而君主若不诚实守信那就得不到百姓的亲近。因此在上之人与在下之人都诚实，就能做到互相信任而不生疑心；而在上之人与在下之人都不诚实，即使很亲近也因彼此怀疑则互不信任。孔子说："一个人若不讲信用，那他的言行就不可靠。就像大车上没有輗、小车上没有軏一样，缺少衔接处的销钉而如何运行呢？"

（三一）

《吕氏春秋》曰：信之为功大矣。天行不信，则不能成岁；地行不信，则草木不大。春之德风，风不信则其花不成；夏之德暑，暑不信则其物不长；秋之德雨，雨不信则其谷不坚；冬之德寒，寒不信则其地不刚。夫以天地之大，四时之化，犹不能以不信成物，况于人乎？故君臣不信，则国政不安；父子不信，则家道不睦；兄弟不信，则其情不亲；朋友不信，则其交易绝。夫可与为始、可与为终者，其唯信乎！信而又信，重袭于身，则可以畅于神明，通于天地矣。

【今译】

《吕氏春秋》说：信用的功德很大。上天若不讲信用，那就不会有一年四季；大地若不讲信用，那就不会有草木生长。春季有春风，若春风不如期而至那花儿就不能开；夏季有暑热，若暑热不如期而至那万物就不成长；秋季有阴雨，若阴雨不如期而至那果实就不饱满；冬季有寒气，若寒气不如期而至那大地就不坚硬。天地如此之大，四季依次变化，都不能不讲信用而因此使万物不能成就，更何况是人呢？因为君主和臣子不讲信用，那国家政治就不会安稳；父亲和儿子不讲信用，那治家之道就不会和睦；兄长和弟弟不讲信用，那兄弟之情就不会亲近；朋友和朋友不讲信用，那各种交往就容易断绝。和讲信用的人谋事不但有好的开始，而且还有好的终结，这是因为相互都很信任的缘故。一个人若能坚守信义，并永远地保持不变，那就可以上通神明、下通天地。

（三二）

昔鲁哀公问于孔子曰：“请问取人之道。”孔子对曰：“弓调而后求劲焉，马服而后求良焉，士必悫信而后求智焉。若士不悫信而有智能，譬之豺狼，不可近也。”昔子贡问政，子曰：“足食、足兵、人信之矣。”子贡曰：“必不得已而去，于斯三者何先？”曰：“去兵。”子贡曰：“必不得已而去，于斯二者何先？”曰：“去食。自古皆有死，人无信不立。”

【今译】

从前鲁哀公问孔子：“请问取人之道是什么？”孔子回答说：“弓箭调好了就能有劲，马儿驯服了就会更好，士人一定诚实守信才能有智慧。若士人不诚实守信却只有智慧和能力，那就好比豺狼，是不可靠近的。”从前子贡问孔子为政之道，孔

子说："粮食充足、兵器充足、人讲信用为为政之道。"子贡又问："如果在万不得已时必须舍弃这三条为政之道，那首先应舍弃哪条呢？"孔子说："首先舍弃兵器。"子贡又问："如果在万不得已时必须舍弃粮食和信用，那首先应舍弃哪条呢？"孔子说："首先舍弃粮食。因为自古以来人都是要死的，一个人若不讲信用那他必然不会自立。"

（三三）

《体论》曰：君子修身，莫善于诚信。夫诚信者，君子所以事君上、怀下人也。天不言而人推高焉，地不言而人推厚焉，四时不言而人与期焉，此诚信为本者也。故诚信者，天地之所守，而君子之所贵也。

【今译】

《体论》说：君子的修身方法，最好的是诚实守信。因为诚实守信，不仅是君子侍奉上面的君主，而且也是让下面的百姓归顺的根本所在。天不言语而人都说很高，地不言语而人都说很厚，四季不言语而人都依时而动，这是因为注重诚实信用的缘故。所以说诚实信用，既是天地所遵守的，也是君子所推崇的。

（三四）

《傅子》曰：言出于口，结于心，守以不移，以立其身，此君子之信也。故为臣不信，不足以奉君；为子不信，不足以事父。故臣以信忠其君，则君臣之道愈睦；子以信孝其父，则父子之情益隆。夫仁者不妄为，知者不妄动，择是而为之，计义而行之，故事立而功足恃也，身没而名足称也。虽有仁智，必以诚信为本，故以诚信为本者，谓之君子；以诈伪为本者，谓之小人。君子虽殒，善名不减；小人虽贵，恶名不除。

【今译】

《傅子》说：言语出自口中，但构思于心中，若能坚持以前说的而不轻易改变，就可以树立己身，这是君子的信用。作为臣子而不讲信用，就不能够侍奉君主；作为儿子而不讲信用，就不能够侍奉父亲。因为臣子以信用忠诚他的君主，那君臣之道就会更加和睦；儿子以信用孝顺他的父亲，那父子之情就会更加亲近。仁义之人不会妄为，知礼之人不会妄动，并且能择善而为，按义而行，因此使事业建立而功劳足能依靠，自身虽死但名字还被人们常常称颂。一个人即使有仁德和智能，但也必须以诚实信用为根本，因为只有以诚实信用为根本，才能称做君子；而虽有仁德和智能却以奸诈虚伪为根本，也只能称做小人。作为君子即使自身已死，但好的名声不会因自身已死而减弱；而作为小人即使自身尊贵，但坏的名声不会因自身尊贵而消除。

（三五）

夫修身正行，不可以不慎；谋虑机权，不可以不密。忧患生于所忽，祸害兴于细微。人臣不慎密者，多有终身之悔。故言易泄者，召祸之媒也；事不慎者，取败之道也。明者视于无形，聪者听于无声，谋者谋于未兆，慎者慎于未成。不困在于早虑，不穷在于早豫。非所言勿言，以避其患；非所为勿为，以避其危。孔子曰："终日言，不遗己之忧；终日行，不遗己之患，唯智者能之。"故恐惧战兢，所以除患也；恭敬静密，所以远难也。终身为善，一言败之，可不慎乎？

【高宗书女孝经马和之补图上卷】册 局部 ［宋］ 马和之 中国台北故宫博物院藏　31－7

【高宗书女孝经马和之补图上卷】册 局部 [宋] 马和之 中国台北故宫博物院藏　31-7

【今译】

人们修身正行时，不可以不谨慎，而谋划策略时，不可以不保密。这是因为忧患往往产生于忽略，而祸害常常兴起于细微的缘故。若作为臣子而做事不谨慎保密，那大多都会有终身后悔之事。因此说随便胡言乱语，是招来祸害的根源所在；做事不谨慎小心，是导致失败的根本原因。目明之人能在无形时察看，耳聪之人能在无声时听断，善谋之人能在没预兆时就谋划，谨慎之人能在未形成时就谨慎。人们困惑是因为提早谋虑，人们不贫穷是因为提早有备。不当说的话不说，这可以避免忧患；不当做的事不做，这可以避免危险。孔子说："人若能终日择言而说，那就可以不给自己留下忧患；人若能终日择事而做，那就可以不给自己留下祸患。只有明智之人才能做到这一步。"大凡做事时之所以恐惧、害怕，是因为想消除忧患；人们谋事时之所以小心、保密，是因为想远离危难。有人一生都在做善事，就因言语不当而失败，岂能不谨慎呢？

（三六）

夫口者关也，舌者机也，出言不当，驷马不能追也。口者关也，舌者兵也，出言不当，反自伤也。言出于己，不可止于人；

行发于迩，不可止于远。夫言行者，君子之枢机，枢机之发，荣辱之主。

【今译】

口是机关，舌是扳机，一旦不当之言出口，那就驷马难追了。口是关口，舌是兵器，一旦不当之言出口，那将会自我伤害。言语虽然是出自自己的口中，但一旦说出去就制止不住了；行为虽然是在近处的作为，但一旦流行开了那远处就制止不住了。因此说言语和行为，是君子的枢机，而枢机的始发，却关系到君子的荣与辱。

（三七）

夫君子戒慎乎其所不睹，恐惧乎其所不闻，莫见乎隐，莫显乎微，是故君子慎其独。在独犹慎，况于事君乎、况于处众乎？

【今译】

大凡君子还在未目睹其事前就已谨慎，还在未耳闻其事前就已恐惧，正因为如此才使一切隐藏之迷都暴露出来，一切细微之错都显示出来，所以君子在一个人独居时都很谨慎。一个人独居时都很谨慎，更何况是要侍奉君主、和众人相处时呢？

（三八）

昔关尹谓列子曰："言美则响美，言恶则响恶；身长则影长，身短则影短。言者所以召响也，身者所以致影也。是故慎而言，将有和之；慎而身，将有随之。"

【今译】

列　子

从前关尹对列子说："若一个人的声音很美那他的回声肯定也很美；若一个人的声音很糟，那他的回声肯定也很糟；若一个人的个子很高那他的影子肯定也就长，若一个人的个子很矮那他的影子肯定也就短。这是由于声音可以造成回声，而个子可以导致影子的缘故。因此只要你言语谨慎，将会有人来附和你；只要你行为谨慎，将会有人来跟随你。"

（三九）

昔贤臣之事君也，入则造膝而言，出则诡词而对；其进人也，唯畏人之知，不欲恩从己出；其图事也，必推明于君，不欲谋自己造；畏权而恶宠，晦智而韬名；不觉事之在身，不觉荣之在己。人闭其口，我闭其心；人密其外，我密其里；不慎而慎，不恭而恭。斯大慎之人也。故大慎者，心知不欲口知；其次慎者，口知不欲人知。故大慎者闭心，次慎者闭口，下慎者闭门。

【今译】

从前贤明之臣侍奉君主时，入朝则为国家而无所不言，出朝则怕泄密而以诡辞对答；他们虽向上级举荐了该人，但又害怕该人知道情况，因为他们不想使该人认为他们是恩人；他们图谋事情时，一定要把圣明之处说成是君主的作为，而不想为他们自己来谋名；他们畏惧权威并且厌恶贵宠，隐匿才能与名声而不自我炫露；他们不觉得事情的成功是因为他们自身的努力，也不觉得各种荣辱和他们自身有什么关系。别人闭上了口，我就闭上心；别人在外面保密，我就在心中保密；别人不谨慎而我谨慎；别人不恭敬而我恭敬。能做到这些的就是大慎之人了。作为大慎之人，他们心里知道情况却嘴上不说；而其次者，是嘴上虽说了但他人却不明白。因此大慎之人是闭上心，其次者是闭上口，最差的是闭上门。

（四〇）

昔孔光禀性周密，凡典枢机十有余年，时有所言，辄削草稿。沐日归休，兄弟妻子燕语，终不及朝省政事。或问光，温室省中树，皆何木也？光默而不应，更答以他语。若孔光者，可谓至慎矣。故能终身无过，享其荣禄。

【今译】

昔日的孔光天性周密，掌管朝廷的机要部门前后达十余年之久，每每上书言事之后，就把草稿全部毁掉。当他假日在家休息时，和兄弟、妻子一块闲谈，但自始至终都不涉及朝廷的政事。有人问孔光，温室中的树木，都是些什么名称？对此种提问孔光不是沉默不语，就是说些不相关的话来对答。像孔光这样的人，才可以称得上是非常谨慎之人啊。也正因为如此而他直到身死都没有过失，并长期享受着高官厚禄。

（四一）

清静无为，则天与之时；恭廉守节，则地与之财。君子虽富贵，不以养伤身；

虽贫贱，不以利毁廉。知为吏者，奉法以利人；不知为吏者，枉法以侵人。理官莫如平，临财莫如廉，廉平之德，吏之宝也。非其路而行之，虽劳不至；非其有而求之，虽强不得。知者不为非其事，廉者不求非其有，是以远害名彰也。故君子行廉以全其真，守清以保其身，富财不如义多，高位不如德尊。

【今译】

人若能清静无为，那上天就会为其服务；人若能廉洁守节，那大地就会分给其财富。因此君子即使已很富贵，但也不以奢侈之养而伤害自个身体；君子即使已很贫贱，但也不以自私之利而废弃廉洁操守。明白这个道理的官吏，就会奉公守法、为百姓谋利益；不明白这个道理的官吏，就会歪曲法律、侵犯百姓利益。作为官员最关键的是公平，面对钱财能保守清廉，因为清廉和公平的品德，是做好官吏的法宝。不是正常的道路而你却走了，尽管很辛劳但也达不到目的地；不是你应该拥有的东西而你却追求，尽管很努力但也永远得不到。明智的人不做不合乎道义的事，廉洁的人不追求不属于自己的东西，所以他们能远离祸害而且名声很高。因此君子以廉洁来保全他们的本性，以清静来保全他们的自身，因为他们深知富有钱财不如多行正义、地位显赫不如德行高尚的道理。

（四二）

季文子相鲁，妾不衣帛，马不食粟。仲孙它谏曰："子为鲁上卿，妾不衣帛，马不食粟，人其以子为吝，且不显国也。"文子曰："然。吾观国人之父母，衣粗食蔬，吾是以不敢，且吾闻君子以德显国，不闻以妾与马者。夫德者，得之于我，又得之于彼，故可行也。若独贪于奢侈，好于文章，是不德也。何以相国？"仲孙惭而退。

【今译】

季文子为鲁国相多年，但他的妻妾没有穿丝帛的，也没有食粟的马匹。仲孙它规劝季文子说："您为鲁国的上卿，而妻妾没有穿丝帛的，也没有食粟的马匹，人们都认为您很吝啬，而且这样也不能显扬国家啊。"季文子回答说："是如此啊。但我看到国人的父母们，还都是穿着粗衣、吃着粗食，所以我不敢例外。况且我听说君子是靠德行来显扬国家，而不是靠妻妾和马匹来显扬国家的。因为德行不仅对我有益，而且对大家有益，所以我就这样做了。

如果只是一心想着奢侈，追求华丽的服饰，那就是缺德啊。若这样又将如何相国辅政呢？”仲孙它听了此话便惭愧地离去了。

（四三）

韩宣子忧贫，叔向贺之，宣子问其故，对曰：“昔栾武子贵而能贫，故能垂德于后。今吾子之贫，是武子之德，能守廉静者，致福之道也。吾所以贺。”宣子再拜，受其言。

【今译】

韩宣子正在为贫困而忧虑，叔向却前来向其道贺，韩宣子问叔向为什么要如此作为，叔向回答说：“昔日的栾武子地位尊贵却很贫困，因此他能留美名于后世。如今我们这种贫困，正是栾武子的德行，说明能保守廉洁和清静，是造福之道。所以我来向您道贺。”韩宣听了此话后一再拜谢并表示接受。

（四四）

宋人或得玉，献诸司城子罕，子罕不受，献玉者曰：“以示玉人，玉人以为宝，故敢献之。”子罕曰：“我以不贪为宝，

尔以玉为宝，若以与我，皆丧宝也，不若人有其宝。”

【今译】

宋国有个人得到一块美玉，便把这美玉进献给司城子罕，子罕硬是不接受，而进献美玉的人就解释说：“我让玉工看过此玉，玉工认为是块宝玉，所以我才敢前来进献。”子罕回答说：“我以不贪财为宝，而你却以美玉为宝，如果你把这美玉给我而我也收下，那咱们就都丧失了宝，不如各人保有各人的宝吧。”

（四五）

公仪休为鲁相，使食公禄者不得与下人争利，受大者不得取小。客有遗相鱼者，相不受。客曰：“闻君嗜鱼，故遗君鱼，何故不受？”公仪休曰：“以嗜鱼故不受也。今为相，能自给鱼。今受鱼而免相，谁复给我鱼者？吾故不受也。”

【今译】

公仪休为鲁国相时，下令说凡是有公侯等禄位的人不得与百姓争利，而禄位高的人也不得与禄位低的人争利。有位客人前来给公仪休送鱼，公仪休就是不接受。那位客人问公仪休："听说您爱吃鱼，所以我才来给您送鱼，为什么又不接受呢？"公仪休回答说："就是因为我爱吃鱼才不接受的。如今我为相，所得之俸禄足够我吃鱼了。若今天因接受您送的鱼而被免相，谁又会给我来送鱼呢？我就是因为这个缘故而不接受你的鱼。"

（四六）

夫将者，君之所恃也；兵者，将之所恃也。故君欲立功者，必推心于将；将之求胜者，先致爱于兵。夫爱兵之道，务逸乐之，务丰厚之，不役力以为己，不贪财以殉私，内守廉平，外存忧恤。昔窦婴为将，置金于廊下，任士卒取之，私金且犹散施，岂有侵之者乎？吴起为将，卒有病痈者，吴起亲自吮之，其爱人也如此，岂有苦之者乎？

【今译】

将帅，是君主的依靠；士卒，是将帅的依靠。因此君主想树立功名，必须要有可以推心置腹的将

吴 起

帅；而将帅想打仗获胜，必须首先关心与爱护士卒。将帅的爱兵之道，是让士卒平时生活得舒服快乐，财物丰厚，而且不为自己去让士卒辛劳，不徇私利，内要有廉洁公平之心，外要有忧虑顾惜之实。昔日的窦婴为将帅时，把金钱放在廊檐下，听任士卒自己拿去花费，他把他私人的金钱尚且都这样到处施舍，哪还会侵吞别人的呢？吴起为将帅时，士卒中有患痈疾的，他就亲自用口吸病者的毒疮，像他这样地关心、爱护士卒，哪还会让士卒受苦呢？

（四七）

夫将者心也，兵者体也，心不专一，则体不安；将不诚信，则卒不勇。古之善将者，必以其身先之。暑不张盖，寒不被裘；军井未达，将不言渴；军幕未辨，将不言倦；当其合战，必立矢石之间。所以齐劳逸、共安危也。

【今译】

将帅是心腹，士卒是躯体，如果心腹不专一，那躯体就不安宁；如果将帅不诚实守信，那士卒就不会很勇敢。古时擅长带兵的将帅，都是自己身先士卒。酷暑时士卒没有遮阳的，将帅就不用车盖；寒冬时士卒没有御寒的，将帅就不穿皮裘；士卒吃水的井还没挖好时，将帅就不说口渴；士卒的帐篷还没搭好时，将帅就不说困倦；当双方正在交战时，将帅就站在箭穿石往之中。这就是所谓的将帅与士卒一齐劳逸、共同安危啊。

（四八）

夫人之所乐者生也，所恶者死也。然而矢石若雨，白刃交挥，而士卒争先者，非轻死而乐伤也，夫将视兵如子，则兵事将如父；将视兵如弟，则兵事将如兄。故语曰：“父子兄弟之军，不可与斗。”由其一心而相亲也。是以古之将者，贵得众心。以情亲之，则木石知感，况以爱率下，而不得其死力乎？

【今译】

大凡人都喜爱活着，并且厌恶死亡。然而在交战双方箭和石如雨在下、刀与剑你来我往的情况下，士卒却能争先杀敌，这并不是他们不怕死或者爱受伤，而是由于平时将帅视士卒为儿子而战时士卒视将帅为父亲，平时将帅视士卒为弟弟而战时士卒视将帅为兄长的缘故。所以有句老话说：“由父子兄弟组成的军队，人们轻易不敢和他交战。”这是因为父子兄弟为一条心而且相互亲近啊。因此古时的将帅，最看重的就是士卒的心。如果人们能用爱情去亲近万物，那就是木头、石头也都知道感恩，何况是将帅爱护和关心士卒，岂有士卒不为将帅尽力拼命之理呢？

（四九）

《孙子兵法》曰：兵形象水，水之行，避高而就下；兵之形，避实而击虚。故水因地而制形，兵因敌而制胜。兵无常道，水无常形。兵能随敌变化而取胜者，谓之良将也。所谓虚者，上下有隙，将吏相疑者也；所谓实者，上下同心，意气俱起者也。善将者能实兵之气，以待人之虚，不善将者乃虚兵之气，以待人之实。虚实之气，不可不察。

【今译】

《孙子兵法》说：用兵的阵势就像水流一样，水的流动，往往是避高而就低；而用兵的阵势，常

孙武　字长卿，即孙子，春秋末著名军事家。齐国人。所著《十三篇》是我国最早的兵法，被誉为“兵学圣典”，置于《武经七书》之首。

常要避实而击虚。因为水流是顺着地势来显露形态的，而用兵是根据敌方的情况来制定获胜的策略的。所以说用兵没有固定不变之策略，水流也没有固定不变的形态。用兵能随着敌情的变化而及时制定出获胜策略的，那就是良将。用兵中的所谓虚，是指将帅与士卒之间有矛盾，将帅和士卒相互猜疑；用兵中的所谓实，是指将帅和士卒同为一心，意志与气概也完全投合。擅长带兵的将帅能使军队有上下一心的实兵之气，以此来迎击对方之虚，而不擅长带兵的将帅却使军队有上下不合的虚兵之气，以此来迎击对方之实。用兵中的虚、实之气，不可不明察啊。

（五〇）

昔魏武侯问吴起曰：“兵以何为胜？”吴子曰：“兵以整为胜。”武侯曰：“不在众乎？”对曰：“若法令不明，赏罚不信，金之不止，鼓之不进，虽有百万之师，何益于用？”所谓整者，居则有礼，动则有威，进不可当，退不可追，前却如节，左右应麾。与之安，与之危，其众可合而不可离，可用而不可疲，是之谓礼将也。

【今译】

从前魏武侯问吴起：“军队怎么样才能获胜呢？”吴起回答说：“军队整就能获胜。”武侯说：“不在乎士卒很多吗？”吴起答道：“如果军队法令不严明，赏罚不及时，金钲已击还不停止，战鼓已擂还不进军，即使有百万之众，又有什么用处呢？”而所谓整，是指居则有军队之礼，动则有征伐之威，前进则不可抵挡，撤退则不可追及，向前往后都遵照节制，朝左朝右都听从指挥。将帅与士卒一同享安乐，将帅与士卒一道渡危难，其军队只可凝聚而不可分离，只可效力而不可懈怠，这就是所谓的礼将。

（五一）

吴起临战，左右进剑，吴子曰：“夫提鼓挥枹，临难决疑，此将军也。一剑之任，非将军也。”夫将有五材四义。知不可乱，明不可蔽，信不可欺，廉不可贷，直不可曲，此五材也。受命之日忘家，出门之日忘亲，张军鼓宿忘主，援枹合战忘身，此四义也。将有五材四义，百胜之术也。

【今译】

吴起亲临战场，而身边的人递了把剑给他，吴起说："大凡手拿鼓和槌，在危难时解决疑难，这才是统帅军队。只有一剑的信任，根本不是统帅军队。"作为将帅要有五材四义。才智不能被扰乱，圣明不能被遮蔽，诚信不能被欺诈，廉洁不能被收买，正直不能被扭曲，这就是所谓的五材。接受命令之日则忘了家庭，走出家门则忘了亲人，军队进止则忘了君主，击鼓交战则忘了自身，这就是所谓的四义。若将帅具备了这五材四义，那就掌握了百战百胜的法宝。

（五二）

夫攻守之法，无恃其不来，恃吾有以待之；无恃其不攻，恃吾之不可攻也。夫将若能先事虑事，先防求防，如此者，守则不可攻，攻则不可守。若骄贪而轻于敌者，必为人所擒。

【今译】

大凡攻战守备的方法，不能寄希望于敌人不会前来，而要充分准备而等待着迎击；不能想着敌人不会攻伐，而要考虑怎样击退敌人的进攻。只要将帅能在事先考虑的周全，能在事先防备的严密，那就可以使守备而固若金汤，攻战而无所不克。若将帅既骄横贪婪而又轻视敌人，那肯定会被敌人擒获。

（五三）

昔子发为楚将，攻秦，军绝馈饷，使人请于王，因归问其母，其母问使者曰："士卒得无恙乎？"使者曰："士卒升分菽粒而食之。"又问曰："将军得无恙乎？"对曰："将军朝夕刍豢黍粱。"后子发破秦而归，母闭门而不纳，使人数之曰："子不闻越王勾践之伐吴欤？客有献醇酒一器者，王使人注江上流，使士卒饮其下流，味不足加美，而士卒如有醉容，怀其德也，战自五焉。异日又有献一囊糗糒者，王又以赐军士，军士分而食之，甘不足逾嗌，士卒如有饫容，怀其恩也，战自十焉。今子为将，士卒升分菽粒而食之，子独朝夕刍豢黍粱，何也？夫使人入于死地，而康乐于其上，虽复得胜，非其术也。子非吾子，无入吾门。”子发谢，然后得入。及后为将，乃与士卒同其甘苦，人怀恩德，争先矢石，遂功名日远。若子发之母者，可谓知为将之道矣。

【今译】

从前子发为楚国将军，攻打秦国时，军队中没有粮饷，他便派使者去向楚王求救，顺便又让使者到他家中看看母亲，他母亲问使者：“士卒们还好吗？”使者回答说：“士卒们靠吃用升来分的豆子在生活。”子发的母亲又问使者：“将军他还好吗？”使者回答说：“将军他一天到晚有肉和美味吃。”后来子发打败秦国而回家，母亲却关上门不让他进。母亲还派人责备子发道：“你没听说过越王勾践讨伐吴国的事吗？当时有位客人献给勾践一壶美酒，越王勾践便让人将那壶美酒拿到江水的上游并倒入水中，再使士卒饮江水下游的水，其味道虽不算美，但士卒们都面带醉容，这是感激勾践的大德，因此在战斗中以一当五。另一天又有人献给勾践一

袋干粮，越王勾践把那袋干粮赏赐给全军将士，全军将士将其分着吃了，每人所吃下的虽然很少，但将士们却都面带饱容，这是感激勾践的大恩，因此在战斗中以一当十。如今你为将帅，士卒们靠吃用升来分的豆子在生活，而唯独你一天到晚有肉和美味吃，这是为什么呢？你作为将帅而不管士卒的死活，自己却在尽享康乐，如此虽然打仗获胜，也不是带兵的良策。你不是我的儿子，不要进这个家门。”子发承认自己错了，这才进入家门。等到他以后再为将帅时，便和士卒同甘共苦，士卒们也很感激他的恩德，战斗中争先恐后地发箭抛石，使他的功绩与名声越来越大。像子发母亲这样的作为，才能称得上是懂得为将之道啊。

（五四）

昔赵孝成王时，秦攻赵，赵王使赵括代廉颇为将，括母上书曰：“括不可使将也。始妾事其父，父时为将，身所奉饭而进食者以十数，所交者以百数，大王所赐金币者，尽以与军吏士大夫共之，受命之日，不问家事。今括一旦为将，东向而朝，军吏无敢仰视之者。王所赐金帛，归悉藏

之，乃曰视便利田宅可买者。父子不同，执心各异。愿王勿遣。”王曰：“吾计已决矣。”括母曰：“王终遣之，即有不称，妾得无随坐乎？”王曰：“不也。”括遂行，代廉颇为将，四十余日，赵兵果败，括死军覆。王以括母先言，不加诛也。若赵括母者，可谓豫识成败之机也。

【今译】

从前的赵孝成王时，秦国攻打赵国，赵孝成王下令让赵括代替廉颇出任将领去迎击秦国。赵括的母亲得知此事后上书给赵孝成王说：“赵括不能出任将领。当初臣妾我侍奉赵括他父亲时，他父亲为将领，由他亲自供养饭食的有数十人，和他如朋友一样相处的有数百人，大王您赐给他的金银财宝，也全都拿了出来和军吏士大夫们共同分享，而且在接受到命令的当日，就不再问及家中之事了。如今这赵括一旦做了将领，就会面向东方而治兵治军，军吏士卒因畏惧不敢仰起头看他。大王您赐给他的金银布帛，他会全部拿着并藏起来，说是要等机会买成田地或宅院来获利。赵括和他父亲不同，所以各自的用心也相异。请大王您不要让他代替廉颇。”赵孝成王说：“我的这种想法已经定了。”赵括的母亲说：“大王您若是坚持要他代廉颇为将领，那要是他因不称职而获罪，臣妾我可以不连坐吗？”赵孝成王说：“可以不连坐。”于是赵括前往战场，代替廉颇出任将领，四十多天后，赵军果然失败，赵括战死而全军覆没。赵孝成王因赵括的母亲事先已经说赵括无将领之才的话，就没株连她。像赵括母亲这样的作为，才能称得上是事先能知道成败之机啊。

（五五）

夫黔首苍生，天之所甚爱也，为其不能自理，故立君以理之；为君不能独化，故为臣以佐之。夫臣者，受君之重位，牧天之甚爱，焉可不安而利之，养而济之哉？是以君子任职则思利人，事主则安俗，故居上而下不重，处前而后不怨。

【今译】

平民老百姓，是上天最亲爱的人，因为他们不能自己治理，所以才有君主来治理他们；又因为君主不能独自教化，所以又设臣子来辅佐君主。所谓臣子，他承受着君主的重托，治理着上天最亲爱的人，岂敢不安抚百姓而使他们获利、善养百姓而使他们增益呢？因此君子担任官职就只想着利于百姓，侍奉君主就只想着整好风气，所以君子居上位而在下之人不认为他们权重，处理前面的人而在后之人没有任何怨言。

（五六）

夫衣食者，人之本也，人者国之本。人恃衣食犹鱼之待水，国之恃人如人之倚足，鱼无水则不可以生，人无足则不可以步。故夏禹称：“人无食，则我不能使也；功成而不利于人，则我不能劝也。”是以为臣之忠者，先利于人。

【今译】

吃饭穿衣，是人的根本，而人又是国家的根本。人依靠吃饭穿衣活着就像鱼有水才能游一样，国家依靠人而兴盛就像人有双脚才能走一样，鱼离开了水就不能生存，人没了双脚就不能迈步。所以夏禹曾说：“如果人没有饭吃，那我就不能使用他；如果事情成功了而对人却无利可言，那我就不能再获得他们的支持了。”所以作为忠良之臣，首先要想着对人有利才行。

（五七）

《管子》曰：佐国之道，必先富人，人富则易化。是以七十九代之君，法制不一，然俱王天下者，必国富而粟多。粟生于农，故先王贵之，劝农之急，必先禁末作。末作禁，则人无游食，人无游食则务农，务农则田垦，田垦则粟多，粟多则人富。是以古之禁末作者，所以利农事也。

【今译】

《管子》说：臣子辅佐国君治理天下的根本，首先是让百姓富裕起来，因为百姓富裕了就容易教化了。所以七十九代国君，虽然各自的法制不一样，但他们之所以能称王天下，可都是由于国家富强而粮食众多的缘故。粮食是农民生产的，所以先王都看重农业，而劝人兴农的当务之急，必须首先禁止工商业。因为一旦禁止了工商业，那就没有游食之人了，游食之人没有了也就都务农去了，人们一旦都去务农就可以使荒田得以垦种，荒田垦种了而粮食就增多了，粮食增多了那百姓就富裕了。古人之所以要禁止工商业，其目的在于使人们从事农业。

（五八）

至如绮绣纂组，雕文刻镂，或破金为碎，或以易就难，皆非久固之资，徒艳凡庸之目。如此之类，为害实深。故好农功者，虽利迟而后富；好末作者，虽利速而后贫。但常人之情，罕能远计，弃本逐末，十室而九。才逢水旱，储蓄皆虚，良为此也。故善为臣者，必先为君除害兴利。所谓除害者，末作也；所谓兴利者，农功也。夫足寒伤心，人劳伤国，自然之理也。养心者不寒其足，为国者不劳其人。臣之与主，共养黎元，必当省徭轻赋，以广人财，不夺人时，以足人用。

【今译】

至于像锦绣一类纂组，雕刻彩饰的器具等，有的是将整块金破为碎片来雕刻，有的是不用简单的锦绣而专要复杂的，这些都不是永久的不变的财产，只有一般世俗之人才认为是华丽而已。像这类东西，对人的危害又特别深重。因此重视农作之人，获利虽慢些但日后富有；而重视工商业之人，获利虽快些但日后贫穷。然而就一般人的常情而言，很少长远考虑的，所以放弃农作而从事工商业者，往往是十家中就有九家。而一旦遇上水涝旱灾，原来积蓄的也就用空了，根本原因就在于轻视农作而重视工商业。所以能干的臣子，肯定首先是为君主兴利除害。所谓除害，那就是禁止工商业；而所谓兴利，那就是劝人农作。大凡足下受寒而损伤心腹，百姓劳累而损伤国家，这是自然之理。因此若养护心腹那就不会使足下受寒，为了国家那就不会去劳累百姓。臣子与君主，共同在教养百姓，一定要减少徭役和赋税，以此来增加百姓的财产，不在农忙时役使百姓，以此来满足百姓的需用。

（五九）

夫人之于君，犹子于父母，未有子贫而父母富，子富而父母贫。故人足者，非独人之足，国之足也；人匮者，非独人之匮，国之匮也。是以《论语》云："百姓不足，君孰与足？"故助君而恤人者，至忠之远谋也；损下而益上者，人臣之浅虑也。

【今译】

大凡百姓和君主的关系，就像子女和父母的关系一样，世间既没有子女贫穷而父母却富裕的，同样也没有父母贫穷而子女却富裕的。因此百姓富足，并不只是百姓独自富足，而是国家也富足了；百姓匮乏，并不是百姓独自匮乏，而是国家也匮乏了。所以《论语》说：“百姓不富足，哪个君主能富足呢？”因此作为臣子而辅助君主来顾惜百姓的，这是忠臣为国家的长远打算；损害在下的百姓来满足在上的君主，这是臣子缺乏见识的表现。

（六〇）

贾子曰：“上古之代，务在劝农，故三年耕而余一年之蓄，九年耕而余三年之蓄，三十年耕而余十年之蓄。故尧水九年，汤旱七年，野无青草而人无饥色者，诚有此备也。”故建国之本，必在于农，忠臣之思利人者，务在劝导。家给人足，则国自定焉。

贾　谊

【今译】

贾子说：“上古的时候，为君为臣的首要任务是劝人兴农，所以三年的收成可以积蓄下一年的，九年的收成可以积蓄下三年的，三十年的收成可以积蓄下十年的。因此尧在位时水涝九年，汤在位时旱灾七年，当时虽连荒野都无青草但人们却面无饥色，这是因为有储备的缘故。”由此可见建设国家的根本，首先是搞好农业，而作为忠良之臣想让百姓获利，关键是劝导百姓务农。如果家家户户生活能自给自足，那国家就自然会安定了。

（六一）

论曰：夫君臣之道，上下相资，喻涉水之舟航，比翔空之羽翼。故至神攸契，则星象降于穹苍；妙感潜通，则风云彰于寤寐。其同体也，则股肱耳目不足以匹其同；其益政也，则曲蘖盐梅未可以方其益。谅直之操，由此而兴；节义之风，因斯以著。是知家与国而不异，君与亲而一归，显已扬名，惟忠惟孝。

【今译】

议论说：君主与臣子的关系，是上与下相互依靠的关系，好比要过江河那就得有航船，好比要在高空飞翔那就得有翅膀。因此精神契合，而星象降于上天；感应相通，而风云彰于日夜。臣子与君主为同一整体，就是大腿、胳膊和耳、目也不足以匹配等同；臣子辅助君主治国为政，就是酒母和咸盐、酸梅也不能来调合增减。臣子诚实正直的操行，就由此而兴起；臣子节操义行的气概，就因此而显扬。由此可知家与国没有什么不同，君主与父亲可视为一样，要使自己的名声显扬，就得做好忠臣孝子。

（六二）

每以宫闱暇景，博览琼编，观往哲之弼谐，睹前言之龟镜，未尝不临文嗟尚，抚卷循环，庶令匡翊之贤，更越夔龙之美。爰申翰墨，载列缣缃。何则？荣辱无门，惟人所召。若使心归大道，情切至忠，务守公平，贵敦诚信，抱廉洁而为行，怀慎密以修身，奉上崇匡谏之规，恤下思利人之术，自然名实兼茂，禄位俱延，荣不召而自来，辱不遣而斯去。然则忠正者致福之本，戒慎者集庆之源，若影随形，犹声逐响。凡百群彦，不可勖欤！

垂拱元年撰

【今译】

居宫闱而有空闲时，便博览群书，看到往日贤哲的同心协力辅佐，目睹前人直言的吉凶美恶借鉴，没有不望着该文句感叹和崇尚，摸着该卷书反复地思考，希望辅佐之臣贤明，更加超过夔与龙的完美。因此便拿来笔墨书写，将这些记载下来以成书册。为什么要这样呢？因为荣誉与耻辱是没有诀窍的，关键在于人的作为。如果能使自己的内心归入正道，情感极其忠诚，做事恪守公平，推崇敦厚诚实信用，有廉洁清静的操行，以谨慎保密来修身，侍奉在上者要有匡正谏诤的言论，抚育在下者要有让百姓获利的举措，如此自然就会使名声与功绩都很出名，俸禄与爵位都能长久，荣誉将会不召而自来，耻辱将会不遣而自去。然而忠诚正直是带来福禄的根本，警戒谨慎是获得奖赏的源头，这就好比影子是随着形体，也就像回声是跟着响声一样。所以有才能的百官群臣，不可不努力啊！

垂拱元年撰

经典国学口袋书

01 周易
02 道德经
03 庄子
04 论语
05 孟子
06 大学·中庸
07 孙子兵法
08 三十六计
09 百战奇略
10 六韬·三略
11 山海经
12 左传
13 战国策
14 史记·本纪
15 史记·世家
16 史记·列传
17 汉书
18 后汉书
19 三国志
20 吕氏春秋
21 资治通鉴
22 中国通史
23 中华上下五千年
24 贞观政要
25 中国古代文化常识
26 中国古代名言警句
27 徐霞客游记
28 容斋随笔
29 金刚经
30 忍经·劝忍百箴
31 忠经·孝经
32 智囊
33 梦溪笔谈
34 本草纲目
35 黄帝内经
36 菜根谭
37 小窗幽记
38 颜氏家训
39 围炉夜话
40 曾国藩家书
41 诗经
42 楚辞
43 古诗
44 唐诗三百首
45 宋词三百首
46 元曲三百首
47 千家诗
48 豪放词
49 婉约词
50 世说新语
51 笑林广记
52 古文观止
53 唐宋八大家散文
54 诸子百家名句赏析
55 四书五经名句赏析
56 二十五史名句赏析
57 古代散文名句赏析
58 古代诗词名句赏析
59 红楼梦诗词名句赏析
60 阅微草堂笔记
61 闲情偶寄
62 三字经·百家姓
63 幼学琼林
64 声律启蒙·弟子规
65 千字文·增广贤文
66 对联
67 俗语
68 谚语
69 歇后语
70 格言联璧
71 中华寓言故事
72 中华典故故事
73 中华成语故事
74 中国十大喜剧故事
75 中国十大悲剧故事
76 中国皇帝传
77 中国皇后传
78 中国宰相传
79 中国将帅传
80 白话聊斋

三 秦 出 版 社

地处周秦汉唐千年古都西安的三秦出版社，建社30多年来始终以弘扬和传播优秀传统文化为己任，依托三秦大地无比丰厚的历史文化积淀，出版了大批特色鲜明、极具文化传承价值的精品图书，创造了良好的社会效益和经济效益。为顺应构建全民阅读时代、建设书香社会的需求，我社经充分调研策划，从浩如烟海的国学宝库中精心遴选，编辑出版了“中华经典国学口袋书”系列丛书，包含经史子集、诗词曲赋、笔记信札、经典名句等80部精品佳作，内容精粹，外观精美，便于携带，定会为您居家出行增添颇多书香雅趣。

31－8　【高宗书女孝经马和之补图上卷】册　局部　[宋] 马和之　中国台北故宫博物院藏

31－8　【高宗书女孝经马和之补图上卷】册 局部 ［宋］马和之　中国台北故宫博物院藏